学校のまわりの生きものずかん 1

ダンゴムシ

文・写真 おくやま ひさし

春

学校のまわりの生きものずかん ❶
もくじ

この本《ほん》のつかいかた ―― 4
春《はる》の観察《かんさつ》のポイント ―― 6

空《あ》き地《ち》や畑《はたけ》

■テントウムシ ―― 8
飼《か》ってみよう　ナナホシテントウやナミテントウ
観察《かんさつ》しよう　どれもみんなナミテントウ

■アリ ―― 12
●クロオオアリ ●ムネアカオオアリ ●クロクサアリ など

■花《はな》にくる昆虫《こんちゅう》たち ―― 14
●クマバチ ●ハナアブ など

■地面《じめん》にいる虫《むし》たち ―― 15
飼《か》ってみよう　ダンゴムシ

■ミツバチ ―― 16

■身近《みぢか》でみられるチョウ ―― 20
●スジグロシロチョウ ●モンキチョウ など

■モンシロチョウ ―― 22
飼《か》ってみよう　モンシロチョウ（たまごや幼虫《ようちゅう》）

■アゲハチョウ ―― 24
飼《か》ってみよう　アゲハチョウ（たまごや幼虫《ようちゅう》）
観察《かんさつ》しよう　いろいろなさなぎ
観察《かんさつ》しよう　アゲハチョウとキアゲハのちがい

■トカゲやヘビ ―― 28
観察《かんさつ》しよう　切《き》れたカナヘビの尾《お》

■公園《こうえん》や庭《にわ》にくる鳥《とり》 ―― 30
観察《かんさつ》しよう　エサ台《だい》をつくって鳥《とり》をよぼう

■地上《ちじょう》でよくみる鳥《とり》 ―― 33

春

雑《ぞう》木《き》林《ばやし》

■林《はやし》やその周《しゅう》辺《へん》でみられるチョウ —— 34
●ウスバシロチョウ ●ミヤマセセリ ●ルリタテハ など

■ギフチョウ —— 38
●ギフチョウ ●ヒメギフチョウ

■ナナフシ —— 40
●ナナフシモドキ ●エダナナフシ ●トビナナフシ など

池《いけ》や小《お》川《がわ》

■池《いけ》や小《お》川《がわ》の魚《さかな》 —— 44
●コイ ●メダカ ●ドジョウ ●ナマズ など

■ザリガニ —— 50
●アメリカザリガニ ●ニホンザリガニ など
飼《か》ってみよう ザリガニ

■エビや貝《かい》 —— 52
●テナガエビ ●カブトエビ ●マルタニシ など

■イモリやカメ —— 54
●イモリ ●クサガメ など

■ミズスマシやアメンボなどの水《みず》にすむ昆《こん》虫《ちゅう》 —— 56
●ミズスマシ ●アメンボ ●ミズカマキリ など
飼《か》ってみよう 水《みず》にすむ昆《こん》虫《ちゅう》

■ゲンゴロウ —— 60
●ゲンゴロウ ●ヒメゲンゴロウ

■タガメ —— 63

■タイコウチ —— 66

全《ぜん》巻《かん》さくいん —— 68

この本《ほん》のつかいかた

このシリーズは、学校《がっこう》のまわり、家《いえ》のまわり、畑《はたけ》、雑木林《ぞうきばやし》などにいる身近《みぢか》な生《い》きもの、
およそ380種《しゅ》が、どんなところにいて、どんな生活《せいかつ》をしているかを紹介《しょうかい》しています。
シリーズはぜんぶで4巻《かん》、春《はる》、夏《なつ》、秋《あき》、冬《ふゆ》にわかれていて、さらに各巻《かくかん》は空《あ》き地《ち》や畑《はたけ》、雑木林《ぞうきばやし》、池《いけ》や小川《おがわ》など、
生《い》きものがいちばんみつかりやすい場所《ばしょ》ごとにわかれています。
生《い》きものの観察《かんさつ》といっても、生《い》きものをみつけることが先決《せんけつ》です。
そこで、このシリーズでは、**"こんなところをさがそう"**という記事《きじ》を、とくべつにもうけました。

●ただし、たとえば、春《はる》の巻《かん》の雑木林《ぞうきばやし》に紹介《しょうかい》されている生《い》きものは、
ほかの季節《きせつ》やほかの場所《ばしょ》ではみつからない、というわけではなく、
季節《きせつ》や場所《ばしょ》はみつけるための、めやすとかんがえてください。

生《い》きもののすんでいる場所《ばしょ》を、
あらわしています。

紹介《しょうかい》している生《い》きものが、
どんななかまかを、
あらわしています。

生《い》きものをさがすとき、どんな場所《ばしょ》をさがせばいいか、
解説《かいせつ》している記事《きじ》です。マークが目《め》じるしです。

生《い》きものの飼育《しいく》のしかたを、
絵《え》や写真《しゃしん》とともに解説《かいせつ》しています。
自由研究《じゆうけんきゅう》やしらべ学習《がくしゅう》にやくだちます。

生《い》きもののきょうみ深《ぶか》い行動《こうどう》や、
生態《せいたい》の観察《かんさつ》のしかたを、解説《かいせつ》しています。
自由研究《じゆうけんきゅう》やしらべ学習《がくしゅう》にやくだちます。

生《い》きものの大《おお》きさのあらわしかた

春《はる》の観《かん》察《さつ》のポイント

学校《がっこう》のまわりや野原《のはら》で、いろいろな草《くさ》や木《き》が花《はな》をつけます。春《はる》は、さむさにたえていた生《い》きものたちが、動《うご》きだす季節《きせつ》です。
タンポポの花《はな》にやってくるチョウやハチ、花《か》だんのまわりを動《うご》きまわるアリ、校庭《こうてい》や公園《こうえん》にやってくる鳥《とり》、池《いけ》や川《かわ》の生《い》きものも、かっぱつに動《うご》きまわります。
春《はる》は、生《い》きものの観察《かんさつ》には、さいこうの季節《きせつ》です。

▼タンポポにやってきたミツバチ。

ウスバシロチョウ【→p34】
テングチョウ【→p37】
キアゲハ【→p21】
モンキチョウ【→p21】
クロオオアリ【→p12】
ダンゴムシ【→p15】
ツチフキ【→p47】
シマドジョウ【→p48】
メダカ【→p47】
コイやフナ【→p46】
ゲンゴロウ【→p60】
タガメ【→p63】

ムクドリやキジ
【➡p33】
ギフチョウや
ヒメギフチョウ
【➡p38】
ヒヨドリ【➡p30】
キジバト【➡p31】
ハナアブ【➡p14】
ミツバチ【➡p16】
クロクサアリ【➡p13】
テントウムシ【➡p8】
モンシロチョウ【➡p22】
ヒバリ【➡p33】
イモリ【➡p54】
コオイムシ【➡p58】

テントウムシ

テントウムシは、だれにでもすかれるかわいい甲虫《こうちゅう》です。ナナホシテントウとナミテントウは、よくみられるテントウムシです。ほかにも黄色《きいろ》のものや、つやのないもようのものもいます。校庭《こうてい》や空《あ》き地《ち》、畑《はたけ》などでどんなテントウムシがみつけられるかな？

▲ナミテントウは、花粉《かふん》を食《た》べることもあります。

こんなところをさがそう

ナナホシテントウとナミテントウは、幼虫《ようちゅう》も成虫《せいちゅう》もアブラムシのなかまを食《た》べます。アブラムシがよくついている、カラスノエンドウやナズナなどをさがすと、きっとみつかります。

◀カラスノエンドウの葉《は》を、いそがしそうに歩《ある》きまわるナナホシテントウ。

●交尾《こうび》～産卵《さんらん》（ナナホシテントウ）

ナナホシテントウ（体長《たいちょう》５～９ミリ）は、成虫《せいちゅう》で冬《ふゆ》をこします。あたたかい日《ひ》には、冬《ふゆ》でも草《くさ》むらでみつけることができますが、春《はる》になると、なかまをみつけて交尾《こうび》をし、やがてメスは、草《くさ》のくきやかれ木《き》などに、小《ちい》さなたまごをうみます。

▲かれ木《き》にうみつけられた、ナナホシテントウのたまご。長《なが》さ1.5ミリほどのたて長《なが》のたまごを、きれいにならべてうみます。

◀ナナホシテントウの交尾《こうび》。おぶさっているのがオスで、からだはメスよりすこし小《ちい》さめです。

●幼虫《ようちゅう》～さなぎ（ナナホシテントウ）

たまごからは、ほぼいっせいに、幼虫《ようちゅう》がふ化《か》します。そして幼虫《ようちゅう》たちは、やがてばらばらにちっていって、１ぴきずつ生活《せいかつ》しはじめます。幼虫《ようちゅう》は、アブラムシを食《た》べて大《おお》きくなり、脱皮《だっぴ》をくりかえしながら、さなぎになります。さなぎになると、もう幼虫《ようちゅう》のように動《うご》くことはできません。

▲ふ化《か》したての幼虫《ようちゅう》は、オレンジ色《いろ》のからだをしていますが、時間《じかん》とともに黒《くろ》くなります。

▲アブラムシを食《た》べる、ナナホシテントウの幼虫《ようちゅう》。大《おお》きくなった幼《よう》虫《ちゅう》には、せなかに黄色《きいろ》のもようができます。

◀幼虫《ようちゅう》はときどきとも食《ぐ》いをします。なかまのたまごや、さなぎも食《た》べます。

◀葉《は》の上《うえ》で、さなぎになりました。

飼《か》ってみよう

ナナホシテントウやナミテントウ

ナナホシテントウやナミテントウを飼《か》ってみましょう。幼虫《ようちゅう》も成虫《せいちゅう》も、エサのアブラムシがついたカラスノエンドウなどをうえた容器《ようき》を、プラスチックケースにいれます。草《くさ》にはときどき水《みず》をやります。成虫《せいちゅう》は、オス、メス２ひきずつぐらいにします。おなじケースに、ナナホシテントウとナミテントウをまぜてはいけません。

アブラムシのついた草《くさ》をうえる
かれ枝《えだ》をさす
ふたをする
プラスチックケース
ペットボトルを切《き》ったものに庭土《にわつち》をいれる
容器《ようき》がたおれないよう土《つち》をいれる

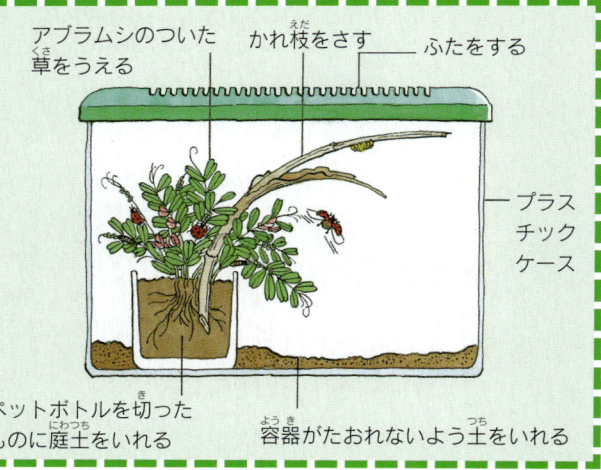

●さなぎ〜成虫《せいちゅう》（ナナホシテントウ）

ヨモギの葉《は》の上《うえ》でさなぎになったナナホシテントウが、１週間《しゅうかん》ほどして羽化《うか》をはじめました。さなぎのせなかがさけると、頭《あたま》だけ黒《くろ》い、黄色《きいろ》のからだがすこしずつあらわれて、さなぎのからから、すっかりぬけだしました。羽化《うか》した成虫《せいちゅう》は、やがてアブラムシをさがして、さかんに葉《は》のあいだを歩《ある》きまわるようになります。

1

2

3

4

▲成虫《せいちゅう》のからだがぬけでます（1）。うすい下《した》のはねをのばします（2）。下《した》のはねがしまわれると、やがてもようがあらわれます（3、4）。

観《かん》察《さつ》しよう

どれもみんなナミテントウ

▲赤《あか》くて黒《くろ》い点《てん》がたくさん。

▲黒《くろ》くて赤《あか》い点《てん》がふたつ。

▲赤《あか》くて点《てん》がない。

ナナホシテントウのもようは、みんなおなじですが、ナミテントウはおもしろいことに、いろいろなもようのものがいます。観察《かんさつ》してみましょう。

テントウムシのなかま

●ナミテントウ

幼虫《ようちゅう》も成虫《せいちゅう》もアブラムシを食《た》べます。ナズナなど、アブラムシのついた草《くさ》をさがしてみましょう。体長《たいちょう》5～8ミリ。

●キイロテントウ

はねが黄色《きいろ》です。幼虫《ようちゅう》も成虫《せいちゅう》も、草《くさ》や木《き》につくウドンコ病菌《びょうきん》を食《た》べます。庭木《にわき》でみつかります。体長《たいちょう》4～5ミリ。

●トホシテントウ

大《おお》きな黒《くろ》いもようがあります。幼虫《ようちゅう》も成虫《せいちゅう》も、アマチャヅルやカラスウリなどの葉《は》を食《た》べます。体長《たいちょう》5～8ミリ。

●カメノコテントウ

幼虫《ようちゅう》も成虫《せいちゅう》も、クルミやサワグルミの葉《は》につくクルミハムシの幼虫《ようちゅう》を食《た》べます。体長《たいちょう》8～12ミリ、大《おお》がたのテントウムシです。

●オオニジュウヤホシテントウ

はねにつやがなく、たくさんの黒《くろ》い点《てん》があります。幼虫《ようちゅう》も成虫《せいちゅう》も、ジャガイモやナスなどの葉《は》を食《た》べます。体長《たいちょう》5～8ミリ。

アリ

アリは、冬《ふゆ》のあいだはじっと巣《す》の中《なか》にひそんでいますが、春《はる》になって気温《きおん》がたかくなると、エサをもとめてさかんに動《うご》きまわります。大《おお》きなアリ、小《ちい》さなアリ、黒《くろ》いアリ、あめ色《いろ》のアリなど、いろいろな種類《しゅるい》のアリがいます。

▶たまごを守《まも》るクロオオアリの女《じょ》王《おう》。はじめは女王《じょおう》だけで、巣《す》をつくります。

こんなところをさがそう

畑《はたけ》や家《いえ》のまわりにおおいクロオオアリ、雑木林《ぞうきばやし》などにすむトゲアリやムネアカオオアリなど、アリは種《しゅ》類《るい》によって、すきな場所《ばしょ》があります。雑食性《ざっしょくせい》のアリは、虫《むし》の死《し》がいやあまいものが大《だい》すきです。校庭《こうてい》や庭《にわ》にエサをおいて、どんなアリがくるかしらべましょう。

▲巣《す》を大《おお》きくして、巣《す》あなのまわりに土《つち》をほりだします。

●クロオオアリ

もっともよくみられる、黒《くろ》く大《おお》きなアリです。空《あ》き地《ち》や畑《はたけ》のわきなどの土《つち》の中《なか》に巣《す》をつくります。巣《す》の中《なか》では、たくさんのはたらきアリが、女王《じょおう》アリやたまご、幼虫《ようちゅう》、さなぎのせわをします。はたらきアリの体長《たいちょう》7～13ミリ。

▲まるでめいろのようなクロオオアリの巣《す》。

▲アリはにおいで、おなじ巣《す》のなかまをみわけます。

●トビイロケアリ

家《いえ》のまわりで、ふつうにみられる小《ちい》さなアリです。あまいものをおいておくと、いつのまにかたくさんのなかまがあつまります。木《き》のくさったところに、巣《す》をつくります。はたらきアリの体長《たいちょう》３～４ミリ。

▶庭《にわ》におかしをおいたら、こんなにたくさんのトビイロケアリがあつまりました。

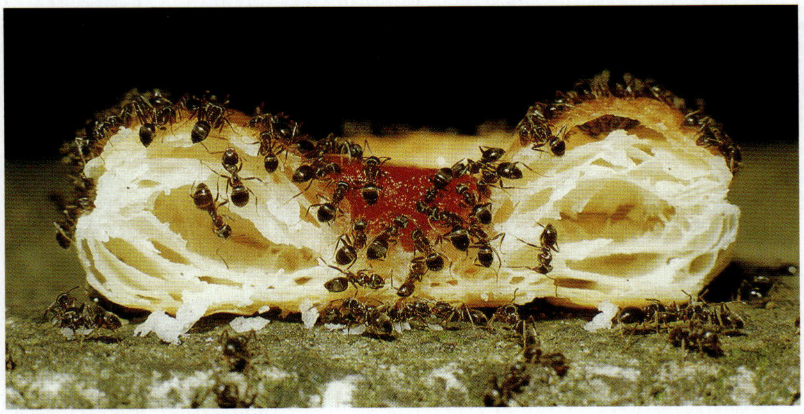

●トゲアリ

林《はやし》にすむアリで、赤《あか》いむねにかぎ形《がた》のトゲがあります。地上《ちじょう》を歩《ある》くことはほとんどなく、木《き》の幹《みき》で樹液《じゅえき》やアブラムシのだすみつをなめます。巣《す》はくち木《き》の中《なか》につくります。はたらきアリの体長《たいちょう》６～８ミリ。

◀クヌギの樹液《じゅえき》をなめるトゲアリ。小さな虫《むし》などもエサにします。

●ムネアカオオアリ

林《はやし》にすむ、むねの赤《あか》い大《おお》きなアリです。落《お》ち葉《ば》の下《した》などを歩《ある》きまわって、虫《むし》の死《し》がいなどをエサにしますが、ときにはミミズをおそうこともあります。林《はやし》のくち木《き》の中《なか》に巣《す》をつくります。はたらきアリの体長《たいちょう》８～12ミリ。

▶林《はやし》にすみますが、あまりたくさんいるアリではありません。落《お》ち葉《ば》の下《した》などをさがしてみましょう。

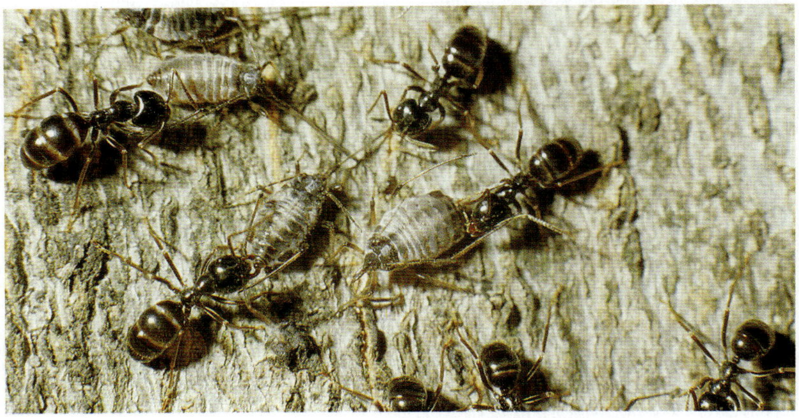

●クロクサアリ

雑木林《ぞうきばやし》などでみつかるアリです。木《き》の幹《みき》を歩《ある》いて、アブラムシのだすみつをなめます。このアリは、木《き》の根《ね》もとに巣《す》をつくり、アメイロケアリというほかのアリと共生《きょうせい》します。はたらきアリの体長《たいちょう》４～５ミリ。

◀エノキの幹《みき》で、アブラムシのだす、あまいみつをもらっています。

花《はな》にくる昆《こん》虫《ちゅう》たち

春《はる》は花《はな》の季《き》節《せつ》です。庭《にわ》にも野《の》にも、林《はやし》にも、いろいろな草《くさ》や木《き》の花《はな》がさきそろいます。花《はな》のみつや花《か》粉《ふん》には、アブやハチなどがあつまってきます。

こんなところをさがそう

どんな花《はな》にも昆虫《こんちゅう》はやってきますが、ひとつの花《はな》をきめて、じっくり観察《かんさつ》してみましょう。

▲レンゲにきたヒゲナガハナバチ。

●ヒゲナガハナバチ

レンゲの花《はな》が大《だい》すきなハチです。はげしくはねを動《うご》かして、つぎつぎとレンゲの花《はな》のあまいみつをあつめます。体長約《たいちょうやく》14ミリ。

▲フキにきたクマバチ。

●クマバチ

からだのまるい大《おお》きなハチで、頭《あたま》や腹《はら》が黒《くろ》いのでクマバチというなまえです。花《はな》のみつや花《か》粉《ふん》が大《だい》すきで、いろいろな花《はな》にやってきます。体長約《たいちょうやく》23ミリ。

▲タンポポにきたサシガメ。

●サシガメ

サシガメのなかまは、カメムシに近《ちか》い昆虫《こんちゅう》です。ほかの虫《むし》をつかまえて、体液《たいえき》をすいますが、冬《ふゆ》ごしをした成虫《せいちゅう》は、よく花《はな》のみつをすいます。

▲ウメにきたハナアブ。

●ハナアブ

ハチににたすがたをしたアブです。成虫《せいちゅう》で冬《ふゆ》をこし、春《はる》になるとウメやタンポポなど、いろいろな花《はな》のみつをなめます。体《たい》長《ちょう》14～16ミリ。

▲サクラにきたビロードツリアブ。

●ビロードツリアブ

全身《ぜんしん》がふかふかの毛《け》につつまれています。長《なが》い口《くち》をのばして、日《ひ》あたりのいい場所《ばしょ》にさく花《はな》のみつをすいます。体長《たいちょう》８～11ミリ。

地《じ》面《めん》にいる虫《むし》たち

ハチやアブなど、はねがある昆虫《こんちゅう》は、空中《くうちゅう》をとびまわってエサをさがすことができますが、ダンゴムシやワラジムシ、ハサミムシなどは、いつも地《じ》面《めん》を歩《ある》きまわっています。地面《じめん》をよく観察《かんさつ》してみましょう。

こんなところをさがそう

ダンゴムシ、ハサミムシ、ワラジムシは、石《いし》の下《した》、うえ木《き》ばちの下《した》、落《お》ち葉《ば》の下《した》などにひそんでいます。石《いし》や落《お》ち葉《ば》をひっくりかえしてみましょう。

▼ワラジムシは、しめったところが大《だい》すきです。

◀たまごのせわをするハサミムシ。

●ハサミムシ

地面《じめん》や落《お》ち葉《ば》の下《した》にいます。はねはなく、腹《はら》のさきに大《おお》きなはさみをもっています。生《い》きものの死《し》がいや、くちた植物《しょくぶつ》などを食《た》べます。体長《たいちょう》18～36ミリ。

●ワラジムシ

地面《じめん》や、木《き》の幹《みき》の下《した》のほうでみられます。全身《ぜんしん》に白《しろ》いこなをつけていることがおおく、動《うご》きはゆっくりです。体長約《たいちょうやく》10ミリ。

▲ダンゴムシは、おどろかすと、まるくなります。

●ダンゴムシ

庭《にわ》の石《いし》などの下《した》に、たいていなんびきか、かたまってみつかります。ひるまはあまり動《うご》きませんが、夜《よる》になると歩《ある》きまわって、落《お》ち葉《ば》やくちた植物《しょくぶつ》を食《た》べます。体長《たいちょう》10～14ミリ。

飼《か》ってみよう

ダンゴムシ

石《いし》をいれて、かくれ場所《ばしょ》をつくりましょう。野菜《やさい》をエサにしますが、くさるまえにとりかえましょう。容器《ようき》の中《なか》は、きりふきで水《みず》をかけてしめらせます。

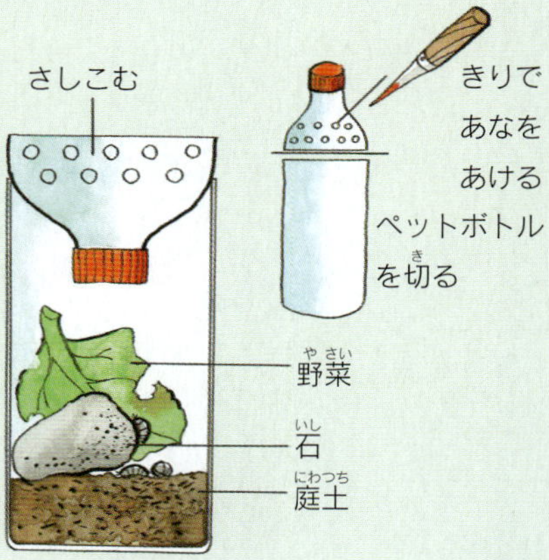
さしこむ
きりであなをあける
ペットボトルを切《き》る
野菜《やさい》
石《いし》
庭土《にわつち》

ミツバチ

はちみつをとるために、ヨーロッパからもちこまれたハチで、セイヨウミツバチ、あるいはヨウシュミツバチといわれることもあります。女王《じょおう》バチを中心《ちゅうしん》に、大《おお》きな集団《しゅうだん》でくらします。はたらきバチの体長約《たいちょうやく》13ミリ。

▶はたらきバチは、みつや花粉《かふん》をあつめます。

◀春《はる》のたんぼにさくレンゲにやってきました。

▶夏《なつ》ならヒルガオ（上《うえ》）、ヒマワリ（下《した》）などにもやってきます。

こんなところをさがそう

ミツバチは、花《はな》のみつや花粉《かふん》をあつめるために、いろいろな花《はな》にやってきます。春《はる》なら、ウメ、サクラやレンゲなどの野《の》の花《はな》いがいにも、花《か》だんの花《はな》にもきます。

●みつや花粉《かふん》が食《た》べもの

あつめたみつや花粉《かふん》は、巣《す》の中《なか》にいるはたらきバチ、女王《じょおう》バチ、そして生《う》まれてくる幼虫《ようちゅう》たちの食《た》べものになります。みつは腹《はら》にため、花粉《かふん》はだんごのようにして、うしろ足《あし》につけて、巣《す》にもちかえります。

▶ハルジオンの花《はな》で花粉《かふん》をあつめています。うしろ足《あし》についた、黄色《きいろ》のまるいものが花粉《かふん》だんご。

▲みつべやがいっぱいになると、ろうでふたがされます。みつべやと花粉《かふん》べやはべつです。

▲巣《す》にあつめられた花粉《かふん》。

▲巣《す》にあつめられたみつ。

●女王《じょおう》バチが中心《ちゅうしん》

ひとつの集団《しゅうだん》は、1ぴきの女王《じょおう》バチを中心《ちゅうしん》に、はたらきバチやオスバチがくらします。女王《じょおう》バチのやくめは、たまごをうむことで、1日《にち》に1000こもうみます。ですから、女王《じょおう》バチはひときわ大《おお》きなからだです（体長《たいちょう》17～20ミリ）。

▶女王《じょおう》バチ（中央《ちゅうおう》）は、いつもはたらきバチにとりかこまれ、せわをされながら、たまごをうみます。

●たまご～幼虫《ようちゅう》～さなぎ

たまごは3日《か》ほどたつと、ふ化《か》して幼虫《ようちゅう》が生《う》まれます。はたらきバチから、みつや花粉《かふん》をもらって、幼虫《ようちゅう》は1週間《しゅうかん》ほどでさなぎになり、さらに2週間《しゅうかん》ほどで、羽化《うか》して成虫《せいちゅう》になります。成虫《せいちゅう》のほとんどは、はたらきバチですが、巣《す》が大《おお》きくなると、あたらしい女王《じょおう》バチやオスバチも育《そだ》てられます。

1

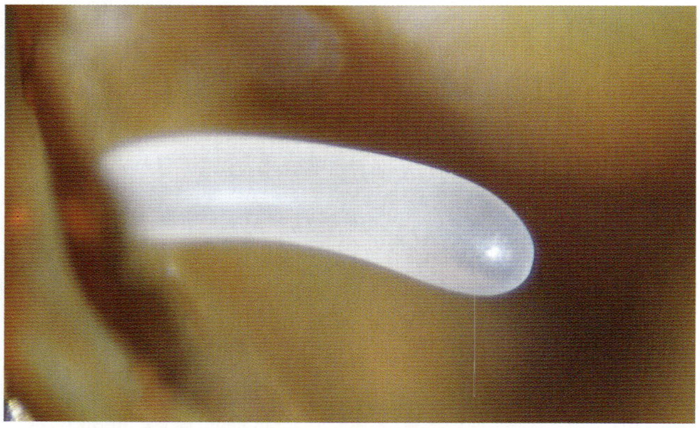

▶ほそ長《なが》いたまごは、長《なが》さ2ミリほどです。

2

▲巣《す》べやには、はやく生《う》まれた大《おお》きな幼虫《ようちゅう》や、生《う》まれたばかりの小《ちい》さな幼虫《ようちゅう》がみられます。

3

4

▲オスバチのさなぎ。目《め》が大《おお》きいのがとくちょうです。

◀羽化《うか》まぢかの、はたらきバチのさなぎ。

●あたらしい巣《す》ができる

あたらしい女王《じょおう》バチが生《う》まれると、もとの女王《じょおう》バチは、はたらきバチのいちぶをつれて巣《す》をでて、あたらしい巣《す》をつくります。これを分蜂《ぶんぽう》といいます。

▲分蜂《ぶんぽう》し、木《き》の枝《えだ》につくられたあたらしい巣《す》です。

▲分蜂《ぶんぽう》をまえにした女王《じょおう》バチ(中央《ちゅうおう》)。はたらきバチのほかに、目《め》の大《おお》きなオスバチもいます。

▲林《はやし》の中《なか》にならべられた、たくさんの巣《す》ばこ。

●はちみつをあつめるしごと

たくさんの巣《す》ばこをならべて、巣《す》にためられたみつや花粉《かふん》をとる人《ひと》たちを、養蜂家《ようほうか》といいます。養蜂家《ようほうか》は、花《はな》のおおい場所《ばしょ》をもとめて、日本中《にほんじゅう》をたびすることもあります。

▲みつのたまりぐあいを調《しら》べる養蜂家《ようほうか》。

◀みつや花粉《かふん》をあつめるために、はたらきバチが、いそがしく巣《す》をでいりします。

身《み》近《ぢか》でみられるチョウ

チョウにはそれぞれ、産卵《さんらん》するきまった植物《しょくぶつ》があります。ふ化《か》した幼虫《ようちゅう》が、その植物《しょくぶつ》の葉《は》だけを食《た》べるからです。この植物《しょくぶつ》を食草《しょくそう》（木《き》の場合《ばあい》は食樹《しょくじゅ》）といいます。なぜチョウによって食草《しょくそう》がきまっているかは、はっきりはわかりませんが、食《た》べわけたほうが、ほかのチョウと食《た》べものをあらそわなくていい、ということかもしれません。

ニンジンやパセリ畑《はたけ》
キアゲハ

スイバやギシギシ
ベニシジミ

ダイコンやアブラナ畑《はたけ》
スジグロシロチョウ

ミカンやカラタチ
アゲハチョウ

キャベツ畑《はたけ》
モンシロチョウ

シロツメクサ
モンキチョウ

こんなところをさがそう

学校《がっこう》のまわりに畑《はたけ》や家庭菜園《かていさいえん》があれば､いろいろな野菜《やさい》がうわっています。それらの野菜《やさい》を食草《しょくそう》とする、いろいろなチョウがいます。身近《みぢか》にいるチョウのおもな食草《しょくそう》は、絵《え》と写真《しゃしん》のとおりですが、どのチョウが、どの植物《しょくぶつ》を食草《しょくそう》にしているか、じぶんの目《め》でたしかめてみましょう。

●モンシロチョウ

春《はる》になると、キャベツ畑《はたけ》をとびまわるすがたがみられます。開《かい》張《ちょう》45～50ミリ。くわしい解説《かいせつ》はP22から。

●スジグロシロチョウ

幼虫《ようちゅう》は、アブラナ科《か》のイヌガラシなどの野草《やそう》、ダイコンの葉《は》などを食《た》べて育《そだ》ちます。開張《かいちょう》50～55ミリ。

●モンキチョウ

幼虫《ようちゅう》は、おもにマメ科《か》のシロツメクサ、アカツメクサなどを食《しょく》草《そう》にします。開張《かいちょう》40～50ミリ。

●ベニシジミ

草《くさ》のはえた空《あ》き地《ち》、川《かわ》の土手《どて》などでよくみつかります。食草《しょくそう》は、タデ科《か》のスイバやギシギシなど。開張《かいちょう》25～30ミリ。

●アゲハチョウ

庭《にわ》の花《はな》などにきます。ミカン科《か》のカラタチや、ミカン、サンショウが食樹《しょくじゅ》です。開張《かいちょう》80～120ミリ。くわしい解説《かいせつ》は、P24から。

●キアゲハ

平地《へいち》にもいますが、山地《さんち》にもいます。セリ科《か》のニンジン、セリなどが食草《しょくそう》です。開張《かいちょう》80～120ミリ。

モンシロチョウ

学校《がっこう》のまわりには、キャベツ畑《ばたけ》がありますか。あまり農薬《のうやく》をつかわない畑《はたけ》なら、モンシロチョウが、たくさんとんでいるのが、みられます。まえのページでもしょうかいしましたが、モンシロチョウの食草《しょくそう》は、キャベツ、ダイコンなどのアブラナ科《か》の植物《しょくぶつ》です。モンシロチョウは、かんたんに飼育《しいく》できるので、成長《せいちょう》を観察《かんさつ》してみましょう。

▲さなぎで冬《ふゆ》ごしし、成虫《せいちゅう》になったモンシロチョウがナズナにきました。

▲たまごは長《なが》さ２ミリほどです。

▲キャベツの葉《は》をもりもり食《た》べる幼虫《ようちゅう》。だいぶ大《おお》きくなりました。

●たまご～幼虫《ようちゅう》

ほそ長《なが》い小《ちい》さなたまごからふ化《か》した幼虫《ようちゅう》は、葉《は》を食《た》べて、脱皮《だっぴ》をくりかえしながら、成長《せいちょう》します。

こんなところをさがそう

モンシロチョウの幼虫《ようちゅう》が大《だい》すきなのは、キャベツの葉《は》です。ぼろぼろになったキャベツを畑《はたけ》でみつけたら、きっとモンシロチョウのたまごや幼虫《ようちゅう》が、みつかります。葉《は》をていねいにさがしてみましょう。

▲農家《のうか》の人《ひと》にとっては、モンシロチョウは害虫《がいちゅう》なので、農薬《のうやく》をつかって消毒《しょうどく》をすることもあります。消毒《しょうどく》された畑《はたけ》には、幼虫《ようちゅう》はいません。

◀モンシロチョウの幼虫《ようちゅう》に食《た》べられたキャベツ。

●さなぎ～成虫《せいちゅう》

大《おお》きく育《そだ》った幼虫《ようちゅう》は、キャベツの葉《は》や畑《はたけ》のまわりのくいなどで、糸《いと》をはいてからだをささえ、やがてさなぎになります。羽化《うか》するまえには、さなぎのからをとおして、うっすら成虫《せいちゅう》のはねのもようが、みえるようになります。

1

▲はきだした糸《いと》でからだをささえ、脱皮《だっぴ》してさなぎになります。

2

▲足場《あしば》にはいた糸《いと》に、おしりのさきのかぎをかけ、糸《いと》の輪《わ》でからだをささえます。

3

▲からをやぶって、成虫《せいちゅう》があらわれるのは、たいていはあけがたです。

4

▲からからぬけだす成虫《せいちゅう》。しわくちゃのはねをのばします。

飼《か》ってみよう

モンシロチョウ(たまごや幼虫《ようちゅう》)

モンシロチョウの幼虫《ようちゅう》が大《だい》すきなのは、キャベツの葉《は》です。葉《は》をていねいにさがしてみましょう。たまごや幼虫《ようちゅう》は、葉《は》ごととってきます。飼育容器《しいくようき》の下《した》には、ふんのそうじがしやすいように、紙《かみ》をしいておきます。キャベツの葉《は》がエサです。しおれてきたら、とりかえてやりましょう。

アゲハチョウ

アゲハチョウの成虫《せいちゅう》は、いろいろな花《はな》にやってきて、みつをすいます。幼虫《ようちゅう》の食《た》べものは、カラタチ、ミカン、サンショウなどの木《き》の葉《は》です。アゲハチョウは、開張《かいちょう》80～120ミリの大《おお》きなチョウですので、みつけやすいでしょう。

▲腹《はら》さきをまげて、ミカンに産卵《さんらん》するアゲハチョウ。

こんなところをさがそう

たまごや幼虫《ようちゅう》をみつけるなら、食樹《しょくじゅ》のミカン、カラタチなどをさがしましょう。カラタチはよく生《い》けがきにされています。

●たまご～幼虫《ようちゅう》

たまごは、食樹《しょくじゅ》の葉《は》のうら、枝《えだ》などに、ばらばらにうみつけられます。小《ちい》さなたまごからふ化《か》した幼虫《ようちゅう》は、脱皮《だっぴ》をくりかえすたびに、大《おお》きくなっていきます。幼虫《ようちゅう》のからだには、黒《くろ》と白《しろ》のもようがあって、まるで鳥《とり》のふんのようにみえます。鳥《とり》やハチなどの敵《てき》に、みつかりにくいもようです。幼虫《ようちゅう》は、４回《かい》めの脱皮《だっぴ》で、からだの色《いろ》が緑色《みどりいろ》になります。これが5齢幼虫《れいようちゅう》で、つぎに脱皮《だっぴ》したときに、さなぎになります。

1

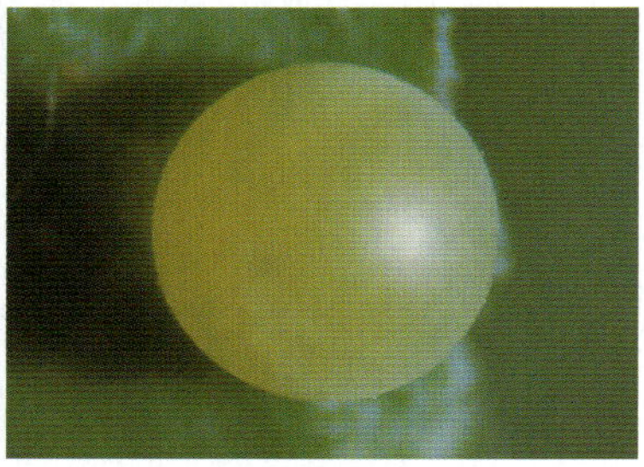

◀まんまるのたまごは、直径約《ちょっけいやく》2ミリ。わか葉《ば》にくっついています。

2

▶たまごが黒《くろ》ずんでくると、やがて体長《たいちょう》３ミリほどの、黒《くろ》っぽい幼虫《ようちゅう》がふ化《か》します。

3

▲あたらしくて、やわらかい葉《は》を食《た》べ、幼虫《ようちゅう》は脱皮《だっぴ》をくりかえして、成長《せいちょう》していきます。

4

▲4回《かい》めの脱皮《だっぴ》をする幼虫《ようちゅう》。緑色《みどりいろ》のからだがあらわれます。

5

▶緑色《みどりいろ》のからだは、葉《は》にとけこんで、敵《てき》から身《み》を守《まも》るのにやくだっています。

飼《か》ってみよう

アゲハチョウ(たまごや幼虫《ようちゅう》)

たまごや幼虫《ようちゅう》がついたミカンやカラタチの葉《は》を、枝《えだ》ごときって、水《みず》にさします。葉《は》がなくなってきたら、葉《は》のたくさんついたあたらしい枝《えだ》を、よこにさしてやりましょう。

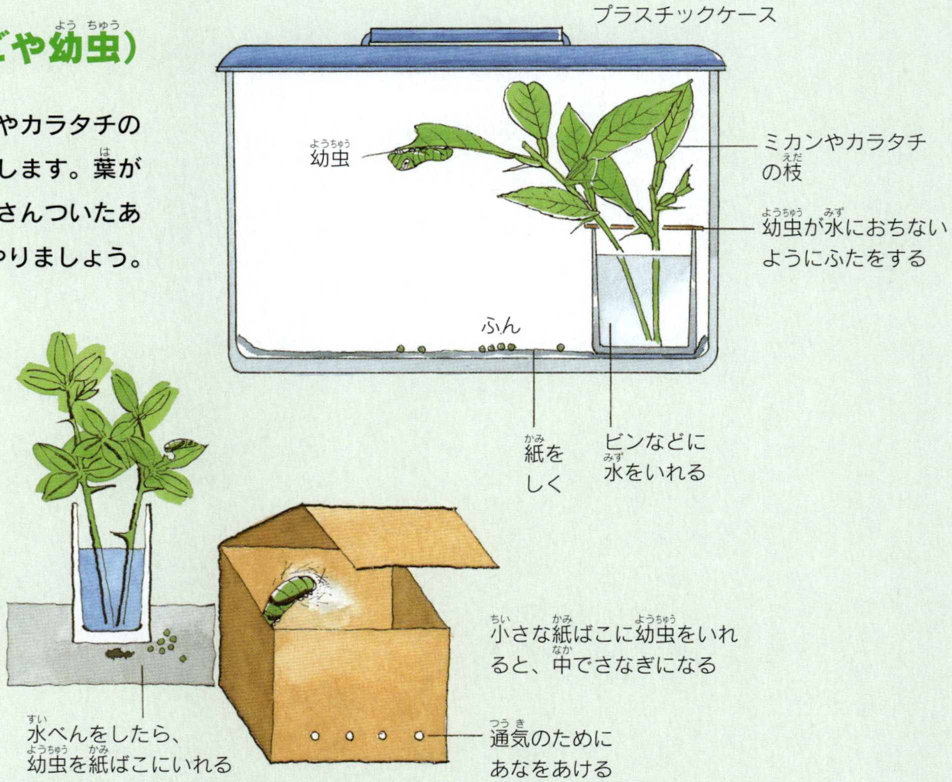
プラスチックケース
幼虫《ようちゅう》
ミカンやカラタチの枝《えだ》
幼虫《ようちゅう》が水《みず》におちないようにふたをする
ふん
紙《かみ》をしく
ビンなどに水《みず》をいれる
水《すい》べんをしたら、幼虫《ようちゅう》を紙《かみ》ばこにいれる
小《ちい》さな紙《かみ》ばこに幼虫《ようちゅう》をいれると、中《なか》でさなぎになる
通気《つうき》のためにあなをあける

▲さなぎになる直前《ちょくぜん》、水《みず》っぽいふん(水《すい》べん)をします。

●幼虫《ようちゅう》～さなぎ

気《き》にいった枝《えだ》がみつかると、幼虫《ようちゅう》は、からだをささえるための糸《いと》をはいて、枝《えだ》に足場《あしば》をつくり、ふとい糸《いと》の輪《わ》をつくって、からだをもたせかけ、１日《にち》ほど動《うご》かなくなります。これを前蛹《ぜんよう》といいます。前蛹《ぜんよう》から１～２日《か》たつと、脱皮《だっぴ》してさなぎになります。

1

▲カラタチの枝《えだ》に、糸《いと》をはいて足場《あしば》にします。

2

▲ふとい糸《いと》の輪《わ》にもたれる前蛹《ぜんよう》。ずんぐりしたからだです。

3

▲脱皮《だっぴ》して、さなぎになりました。

4

▲すっかりさなぎのからだが、できあがりました。足場《あしば》の糸《いと》や、からだをもたせかける、糸《いと》の輪《わ》がわかります。

観察《かんさつ》しよう

いろいろなさなぎ

▼エノキの枝《えだ》のヒオドシタテハのさなぎ。

アゲハチョウのように、糸《いと》の輪《わ》をつくって、からだをささえるさなぎを帯蛹《たいよう》といいます。また、オオムラサキ、キタテハ、ヒオドシタテハのように、足場《あしば》の糸《いと》に、腹《はら》のさきのかぎをかけて、さかさにぶらさがるさなぎを、垂蛹《すいよう》といいます。

◀葉《は》にぶらさがるオオムラサキのさなぎ。

●さなぎ～成虫《せいちゅう》

1

▲さなぎのからをやぶって、成虫《せいちゅう》のからだがでてきました。

夏《なつ》にさなぎになったら、10日《か》ほどで羽化《うか》します。さなぎのからをとおして、成虫《せいちゅう》のはねのもようがみえてくると、羽化《うか》がはじまります。羽化《うか》はほとんどが、明《あ》けがたです。秋《あき》のさなぎは、そのまま冬《ふゆ》ごしします。

2

◀からからすっかり、ぬけだしました。

3

▶しわくちゃのはねは、30分《ぷん》ほどで、きれいにのび、成虫《せいちゅう》はとびたちます。

観《かん》察《さつ》しよう

アゲハチョウとキアゲハのちがい

▲アゲハチョウのはねには、線《せん》がはいります。

▲キアゲハのはねには、線《せん》がありません。

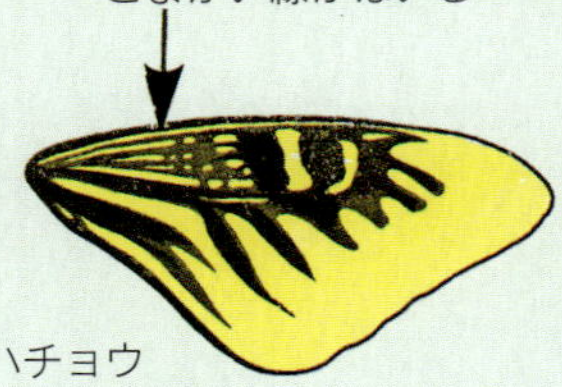
こまかい線《せん》がはいる
アゲハチョウ

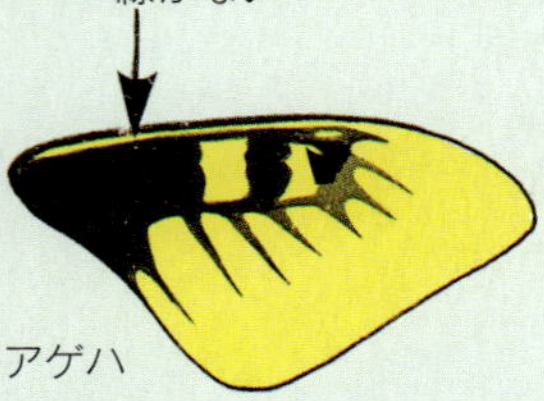
線《せん》がない
キアゲハ

アゲハチョウはぜんたいに黒《くろ》っぽく、キアゲハは黄色《きいろ》っぽいのですが、どちらもよくにていて、くべつがつかないことがあります。大《おお》きくはねをひらいたとき、上《うえ》のはね（まえのはね）のつけ根《ね》のもようをみてみましょう。すぐに、くべつができるようになります。

トカゲやヘビ

トカゲやヘビのなかまは、陸《りく》にすむは虫類《ちゅうるい》です。カナヘビやトカゲには、足《あし》があって歩《ある》くことができますが、ヘビには足《あし》がなく、からだをくねらせて、腹《はら》にあるうろこをつかって、はいます。身近《みぢか》にいる生《い》きものの中《なか》では、みんなにきらわれることもおおいは虫類《ちゅうるい》ですが、みつけたら、いじめたりしないで、そっと観察《かんさつ》しましょう。春《はる》、日《ひ》あたりのいい雑木林《ぞうきばやし》の落《お》ち葉《ば》の上《うえ》、家《いえ》のへいのわき、石《いし》がきのあいだなどを、さがしてみましょう。

●カナヘビ

ヘビとなまえについていますが、トカゲのなかまです。全《ぜん》身《しん》に、こまかいうろこがあります。やぶや草《くさ》むらを歩《ある》きまわり、虫《むし》などをつかまえて食《た》べます。雑木林《ぞうきばやし》、家《いえ》のまわりなどで、よくみます。冬《ふゆ》には、地面《じめん》にあなをほり、その中《なか》で冬眠《とうみん》します。全長《ぜんちょう》18～20センチ。

▶切《き》れた尾《お》がのびてきているカナヘビ。

▲カナヘビは、石《いし》の下《した》や地面《じめん》に、４～５このたまごをうみます。

観《かん》察《さつ》しよう

切《き》れたカナヘビの尾《お》

カナヘビは、敵《てき》につかまると、じぶんの尾《お》を切《き》ってにげます。尾《お》はやがて、すこしずつのびて、いつのまにかもとの長《なが》さにもどります。

▲からだをくねらせながら歩《ある》くトカゲ。

●トカゲ

全身《ぜんしん》にあるうろこは、カナヘビのようには、ささくれず、すべすべでつやがあります。小《ちい》さいときは、尾《お》のさきが青《あお》びかりしています。全長約《ぜんちょうやく》20センチ。

●シマヘビ

からだに４本《ほん》の黒《くろ》いしまがあります。カエル、小鳥《ことり》などを食《た》べます。水辺《みずべ》、草地《くさち》、畑《はたけ》などにいます。毒《どく》はありませんが、気《き》のあらいヘビで、おどすと、からだをＳ《エス》字《じ》にちぢめて、反撃《はんげき》のしせいをとります。全長《ぜんちょう》80～200センチ。

▶日《ひ》あたりのいい野原《のはら》、水辺《みずべ》によくいます。気《き》があらいので、注意《ちゅうい》しましょう。

●アオダイショウ

雑木林《ぞうきばやし》、家《いえ》のまわり、畑《はたけ》などにいます。ネズミ、小鳥《ことり》、カエル、昆虫《こんちゅう》などをエサにします。無毒《むどく》で、性質《せいしつ》のおとなしいヘビです。ネズミをとるので、むかしは農《のう》家《か》でだいじにされました。全長《ぜんちょう》100～200センチ。

▶日《ひ》あたりのいい場所《ばしょ》で、よく日《ひ》なたぼっこをします。

●ヤマカガシ

全身《ぜんしん》に赤《あか》いもようがあります。小《ちい》さいうちは、たんぼ、川岸《かわぎし》、林《はやし》のへりなどでみつかります。カエルや昆虫《こんちゅう》などを、エサにします。おとなしいヘビですが、毒《どく》があるので注意《ちゅうい》。全長《ぜんちょう》60～120センチ。

▶たんぼ、水辺《みずべ》の草《くさ》むらなどで、えものをさがします。

公園《こうえん》や庭《にわ》にくる鳥《とり》

春《はる》になると、公園《こうえん》や庭《にわ》では花《はな》がさきはじめます。花《はな》のみつや、木《き》の幹《みき》にいる虫《むし》、地面《じめん》に落《お》ちた植物《しょくぶつ》の種子《しゅし》などをさがして、鳥《とり》たちがやってきます。

こんなところをさがそう

鳥《とり》たちが活動《かつどう》するのは、おもに朝《あさ》や夕《ゆう》がたです。鳥《とり》がおどろかないように、じっとして、花《はな》のさいた木《き》などをみていましょう。また、パンくずなどで、よびよせてもいいでしょう。

▲ロウバイのみつをなめるメジロ。

●メジロ

黄緑色《きみどりいろ》のはね、目《め》のまわりの白《しろ》いリングがとくちょうです。昆《こん》虫《ちゅう》やクモも食《た》べますが、春《はる》には、花《はな》のみつをなめているのを、よくみます。全長《ぜんちょう》11.5センチ。

▲サクラの花《はな》のみつをすうヒヨドリ。

●ヒヨドリ

都市《とし》にすみついた、もっとも身近《みぢか》な鳥《とり》のひとつです。ほおに茶《ちゃ》色《いろ》のもようがあります。ヒーヨ、ヒーヨとやかましく鳴《な》きます。全長《ぜんちょう》27.5センチ。

▲シジュウカラのつばさには、白《しろ》いおびが１本《ほん》あります。

●シジュウカラ

黒《くろ》い頭《あたま》、むねから腹《はら》にかけての黒《くろ》いおびがとくちょうです。人《じん》家《か》の近《ちか》くでも、雑木林《ぞうきばやし》でもふつうにみられ、人工巣《じんこうす》ばこもよく利用《りよう》する鳥《とり》です。全長《ぜんちょう》14.5センチ。

▲ぼうしをかぶったような黒《くろ》い頭《あたま》のオナガ。

●オナガ

ジェーイ、ジェーイと、にごった声《こえ》で鳴《な》きます。長《なが》い尾《お》がとくちょうのカラスのなかまです。なんでも食《た》べる雑食性《ざっしょくせい》です。全長《ぜんちょう》37センチ。

▲キジバトは、くびにある青《あお》と黒《くろ》のしまもようがとくちょうです。

◀庭《にわ》で水《みず》をのむキジバト。

●キジバト

人家《じんか》のひさしや街路樹《がいろじゅ》の上《うえ》など、どこにでも巣《す》をつくります。つがいはとてもなかがよく、いつもいっしょにいます。全長《ぜんちょう》33センチ。

観《かん》察《さつ》しよう

エサ台《だい》をつくって鳥《とり》をよぼう

庭《にわ》やベランダにエサ台《だい》をつくり、パンくず、くだもの、ジュースなどをおいておくと、鳥《とり》たちがやってきます。すがたをみせないで、ものかげから観察《かんさつ》するのがこつです。

▶エサ台《だい》にきたメジロ、スズメ、シジュウカラ（左《ひだり》から）。

▲子育《こそだ》てするツバメ。巣《す》は毎年《まいとし》、おなじものを利用《りよう》します。

●ツバメ

ほとんどの野鳥《やちょう》は、人間《にんげん》をおそれますが、ツバメは人間《にんげん》のそばで生活《せいかつ》する鳥《とり》です。春《はる》になると、南《みなみ》の国《くに》からわたってきて、のき下《した》などに巣《す》をつくり、子育《こそだ》てをします。全長《ぜんちょう》17センチ。

▲庭《にわ》にまいたエサにあつまるスズメ。

●スズメ

スズメも、人間《にんげん》のそばで生活《せいかつ》する鳥《とり》で、パンくずなどをまくと、ついばみにきます。いつもむれをつくり、植物《しょくぶつ》の種子《しゅし》、果実《かじつ》などを食《た》べます。全長《ぜんちょう》14.5センチ。

▲ごみをあさるハシブトガラス。

●ハシブトガラス

都会《とかい》でふえているカラスが、ハシブトガラスです。くちばしが大《おお》きく、カー、カーと、すんだ大《おお》きな声《こえ》で鳴《な》くのがとくちょう。全長《ぜんちょう》56.5センチ。

地《ち》上《じょう》でよくみる鳥《とり》

鳥《とり》は空《そら》をとぶものですが、ひらけた空《あ》き地《ち》や野《の》原《はら》で、地《ち》上《じょう》に巣《す》をつくったり、地《ち》上《じょう》でよくエサをとる種《しゅ》類《るい》もいます。

こんなところをさがそう

空《あ》き地《ち》、公園《こうえん》、ひらけた野《の》原《はら》などの、地《ち》上《じょう》をみてみましょう。ちょっと注《ちゅう》意《い》をむけるだけで、２、３種《しゅ》類《るい》の鳥《とり》がみつかります。

▲ヒバリは、じみなはねの色《いろ》をしています。

●ムクドリ

公園《こうえん》のしばふや空《あ》き地《ち》で、むれをつくってエサをとります。春《はる》はチョリチョリという、かわいい声《こえ》でさえずります。全長《ぜんちょう》24センチ。

▲しばふや草《くさ》地《ち》で、昆虫《こんちゅう》などのエサを食《た》べるムクドリ。

▶ヒバリはくさむらなどに巣《す》をつくります。

●ヒバリ

ひらけた草《くさ》地《ち》の上空《じょうくう》で、ピーチクさえずりますが、すがたをみつけるのはたいへんです。むしろ地《ち》上《じょう》で目《め》にする鳥《とり》です。全長《ぜんちょう》17センチ。

●キジ

あまりとぶことがなく、畑《はたけ》などで地《ち》上《じょう》を歩《ある》くすがたがみられます。オスは、メスよりずっとはでなもようをしています。オスの全長《ぜんちょう》80センチ。

▶キジのオス。うしろにいるのがメス。

林《はやし》やその周《しゅう》辺《へん》でみられるチョウ

雑《ぞう》木《き》林《ばやし》の木《き》が、葉《は》をのばしはじめるころには、さまざまな花《はな》もさきそろいます。チョウの食《た》べものは、これらの花《はな》のみつですが、幼《よう》虫《ちゅう》たちの食《た》べものは、成《せい》虫《ちゅう》たちとはちがい、木《き》の葉《は》や草《くさ》の葉《は》です。

こんなところをさがそう

チョウは、幼虫《ようちゅう》の食《た》べものである、きまった植物《しょくぶつ》の葉《は》（食草《しょくそう》や食樹《しょくじゅ》といいます）に産卵《さんらん》します。そんな植物《しょくぶつ》のまわりをさがしましょう。

▲ハルジオンの花《はな》のみつをすうウスバシロチョウ。

◀ムラサキケマンやエゾエンゴサクが食草《しょくそう》。

●ウスバシロチョウ

林《はやし》のへりなどに、ムラサキケマンが花《はな》をつける春《はる》に、成虫《せいちゅう》はあらわれます。むねに毛《け》があり、ゆったりととびまわるのがとくちょうです。開張《かいちょう》60ミリ。

▲日《ひ》のあたる林《はやし》の道《みち》でからだをあたためるミヤマセセリ。

◀コナラやクヌギのわか葉《ば》がミヤマセセリの食樹《しょくじゅ》です。

●ミヤマセセリ

セセリチョウのなかまでは、もっとも春《はる》はやくにみられ、茶色《ちゃいろ》っぽいじみなかんじのチョウです。あかるい林《はやし》の道《みち》などで、休《やす》んでいるのをよくみます。開張《かいちょう》40ミリ。

▲葉《は》の上《うえ》で休《やす》むアオバセセリ。

◀アワブキが、アオバセセリの食樹《しょくじゅ》です。

●アオバセセリ

関東地方《かんとうちほう》では、４～８月《がつ》に成虫《せいちゅう》がみられ、さむい地方《ちほう》では５月《がつ》ごろだけにみられますが、あまりおおくはいません。林《はやし》や谷川《たにがわ》の花《はな》にやってきます。開張《かいちょう》40～45ミリ。

▲谷川《たにがわ》の水辺《みずべ》でみつけたコヒオドシ。

◀イラクサなどが、コヒオドシの食草《しょくそう》です。

●コヒオドシ

北国《きたぐに》におおいチョウです。成虫《せいちゅう》で冬《ふゆ》ごしし、春《はる》に産卵《さんらん》します。タテハチョウのなかまでは小《ちい》さく、すばやくとびます。開張《かいちょう》50ミリ。

▲サカハチチョウは、八《はち》の字《じ》をさかさにしたような白《しろ》いおびがあります。

◀アカソやエゾイラクサなどが、サカハチチョウの食草《しょくそう》です。

●サカハチチョウ

北国《きたぐに》におおいチョウで、キャンプなどにいくと、みられることがあります。谷川《たにがわ》の花《はな》に、みつをすいにきます。開張《かいちょう》48ミリ。

▲ツマキチョウは、はねのうらにこまかいもようがあります。

◀タネツケバナやイヌガラシなどが、ツマキチョウの食《しょく》草《そう》です。

●ツマキチョウ

上《うえ》のはねのさきが、つんととがっているのがとくちょうです。４～５月《がつ》に成虫《せいちゅう》があらわれ、夏《なつ》、秋《あき》、冬《ふゆ》をさなぎですごします。ぜひみつけたい林《はやし》のチョウです。開張《かいちょう》48ミリ。

▲葉《は》の上《うえ》で休《やす》むアカシジミ。下《した》のはねに、小《ちい》さなでっぱりがあります。

◀クヌギやコナラなどが、アカシジミの食《しょく》樹《じゅ》です。

●アカシジミ

平地《へいち》では、６月《がつ》ごろに、成虫《せいちゅう》があらわれます。小《ちい》さいチョウで、すばやくとびまわります。夕《ゆう》がた、活動《かつどう》することがおおいようです。開張《かいちょう》42ミリ。

▲葉《は》の上《うえ》で日《ひ》なたぼっこするコツバメ。

◀アセビやガマズミなどが、コツバメの食《しょく》樹《じゅ》です。

●コツバメ

はねのうらは黒《くろ》っぽい茶色《ちゃいろ》ですが、おもては青色《あおいろ》をおびています。いつも林《はやし》の中《なか》にいて、すばしっこくとびまわります。さなぎで冬《ふゆ》ごしをします。開張《かいちょう》25ミリ。

▲花《はな》のみつをすっているすがたが、よくみられます。

◀クズやハギなどが、コミスジの食草《しょくそう》・食《しょく》樹《じゅ》です。

●コミスジ

黒《くろ》いはねに白《しろ》いすじが３本《ほん》あります。はねをひらいてとまるのが、とくちょうです。５～９月《がつ》にみられます。はばたかず、すべるようにとぶこともあります。開張《かいちょう》45～55ミリ。

▲クヌギの樹液《じゅえき》をすうルリタテハ。

◀サルトリイバラやホトトギスが、ルリタテハの食樹《しょくじゅ》です。

●ルリタテハ

黒《くろ》いはねに青《あお》のすじが、とくちょうです。ほとんどのチョウは、花《はな》にやってきますが、このチョウは、樹液《じゅえき》や果実《かじつ》が大《だい》すきです。成虫《せいちゅう》で冬《ふゆ》ごしをします。開張約《かいちょうやく》65ミリ。

▲エノキの枝《えだ》で休《やす》むテングチョウ。つきでたひげが、テングの鼻《はな》のようにみえるので、テングチョウというなまえがついています。

◀エノキやリュウキュウエノキが、テングチョウの食樹《しょくじゅ》です。

●テングチョウ

５～６月に成虫《せいちゅう》があらわれます。林《はやし》の中《なか》の道《みち》でよくであいますが、はねをとじると、かれ葉《は》のようで、めだちません。成虫《せいちゅう》や幼虫《ようちゅう》で冬《ふゆ》ごしをします。開張《かいちょう》48ミリ。

ギフチョウ

サクラの花《はな》がさく季節《きせつ》にあらわれるギフチョウは、アゲハチョウのなかま。春《はる》の女神《めがみ》などとよばれ、毎年《まいとし》のように、新聞《しんぶん》やテレビでわだいになります。美《うつく》しいギフチョウのすがたは、チョウのすきな人《ひと》のあいだでも、もっとも人気《にんき》があります。開張《かいちょう》は50〜55ミリ。

こんなところをさがそう

ギフチョウの幼虫《ようちゅう》の食《た》べもの（食草《しょくそう》）は、カンアオイのなかまです。おもに日本海《にほんかい》がわの、食草《しょくそう》が育《そだ》つ里山《さとやま》などでみられます。成虫《せいちゅう》は、食草《しょくそう》のまわりにいるほか、いろいろな花《はな》のみつをすいにきます。

▲ショウジョウバカマの花《はな》のみつをすいにきたギフチョウ。

◀サクラ、カタクリなどの花《はな》でみつをすいますが（左《ひだり》）、たまごをうむのはカンアオイです（右《みぎ》）。

●たまご〜さなぎ

ギフチョウのメスは、カンアオイの葉《は》のうらに、たまごをならべてうみつけます。ふ化《か》した幼虫《ようちゅう》は、葉《は》を食《た》べながら育《そだ》ち、6月《がつ》ごろさなぎになります。さなぎが羽化《うか》するのは、つぎの年《とし》の春《はる》です。

▼たまごは、直径《ちょっけい》1ミリほどです。

◀幼虫《ようちゅう》は、はじめはかたまっていますが、成長《せいちょう》すると、ちっていきます。

▼くち木《き》のあななどで、さなぎになります。

●さなぎで冬《ふゆ》ごしをして春《はる》に羽化《うか》

冬《ふゆ》ごししたさなぎが羽化《うか》するのは、つぎの年《とし》のサクラがさくころです。さなぎのからは、とてもかたくて、羽化《うか》するときにはカチッと小《ちい》さな音《おと》がして、からがわれます。ぬけでた成虫《せいちゅう》は、はねをのばす場所《ばしょ》をもとめて、移動《いどう》をします。

1 ▲かたいさなぎのからがわれて、成虫《せいちゅう》がはいでてきます。

2 ▲成虫《せいちゅう》はおもいからだをひきずりながら、歩《ある》きまわります。

3 ▲はねをのばす、じゃまになるものがない、木《き》の枝《えだ》などにのぼります。

4 ▲しわくちゃのはねは、30分《ぶん》ほどですっかりのびます。

●ヒメギフチョウ

ギフチョウによくにたチョウで、開張《かいちょう》50ミリと大《おお》きさもほぼおなじですが、北海道《ほっかいどう》、東北《とうほく》、中部地方《ちゅうぶちほう》などの、さむい地方《ちほう》の里山《さとやま》でみられます。ヒメギフチョウも、サクラのさくころにだけみられます。食草《しょくそう》は、ウスバサイシンです。ギフチョウとヒメギフチョウはそっくりですが、よく観察《かんさつ》するとちがいがわかります。

◆ギフチョウとヒメギフチョウのみわけかた

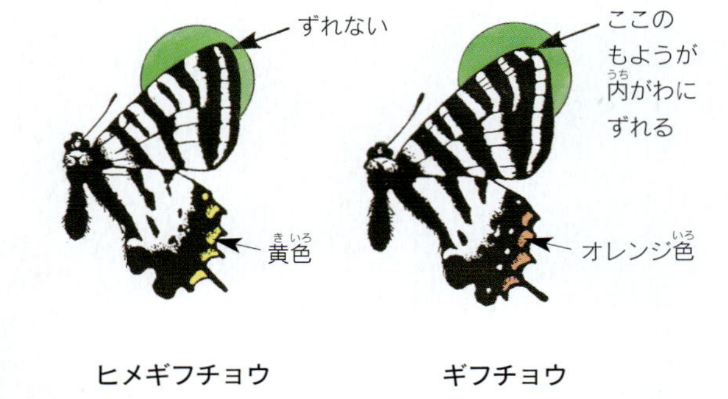
ずれない
ここの
もようが
内《うち》がわに
ずれる
黄色《きいろ》
オレンジ色《いろ》
ヒメギフチョウ
ギフチョウ

▲はねをひらいて、日《ひ》なたぼっこをするヒメギフチョウ。

▲食草《しょくそう》のウスバサイシン。

ナナフシ

ナナフシ（ナナフシモドキ）は、ふしぎな昆虫《こんちゅう》です。成虫《せいちゅう》になってもはねがなく、小枝《こえだ》などにしがみついて、じっと動《うご》かないと、目《め》のまえにいても気《き》づかないほど、まわりにとけこんでいます。とぶことのできないナナフシは、そうやって鳥《とり》などの敵《てき》の目《め》から、身《み》を守《まも》るのです。オスの体《たい》長《ちょう》60～70ミリ、メスの体長《たいちょう》65～100ミリです。

▶ノブドウのつるにしがみつくナナフシ。動《うご》かないと、いることに気《き》がつかないほどです。

▲ナナフシの幼虫《ようちゅう》には、ケヤキのわかい葉《は》がごちそう。

▲サクラのわか葉《ば》も大《だい》すきです。

こんなところをさがそう

まるで忍者《にんじゃ》のようなナナフシですが、ナナフシのすきな食《た》べものである、モミジイチゴ、サクラ、クズ、ケヤキ、コナラなどの、わか葉《ば》がついた枝《えだ》さきをさがしてみましょう。きっとみつかりますよ。

▲成虫《せいちゅう》になると、クズの葉《は》もよく食《た》べます。

▲小《ちい》さな幼虫《ようちゅう》は、草《くさ》や木《き》のわか葉《ば》を食《た》べますが、大《おお》きくなると、食《た》べる葉《は》も大《おお》きくなります。

●からだのひみつ

ナナフシは、植物《しょくぶつ》の葉《は》だけで育《そだ》ちます。あごをつかって、葉《は》をたてに食《た》べていきます。また、ナナフシの長《なが》い足《あし》は、よくおれますが、おれた足《あし》は脱皮《だっぴ》をするたびに、すこしずつのびてきます。脱皮《だっぴ》をしない成虫《せいちゅう》は、足《あし》がふたたびのびることはありません。

▲脱皮《だっぴ》をすると、おかしなかたちの足《あし》がのびました。つぎの脱皮《だっぴ》で、もっとのびます。

◀まだみじかいのですが、ちゃんと足《あし》らしくなりました。

◀かたほうの足《あし》がとれてしまっています。でもここからが、ナナフシの幼《よう》虫《ちゅう》のふしぎなところです。脱皮《だっぴ》をするとすこしずつ足《あし》がのびてきます。

●たまご～幼虫《ようちゅう》

春《はる》にふ化《か》した幼虫《ようちゅう》は、８月《がつ》ごろにはすっかり成虫《せいちゅう》に育《そだ》ちます。ナナフシは、オスがいなくても、メスだけでたまごをうむふしぎな昆虫《こんちゅう》です。おなかのふくらんだメスは、木《き》の枝《えだ》さきにしがみついて、ぽろぽろとたまごをうみおとします。

▲たまごは直径《ちょっけい》３ミリほどで、地面《じめん》にこぼれると、まるで草《くさ》の種子《しゅし》のよう。

◀たまごは、かれ草《くさ》や落《お》ち葉《ば》のあいだで冬《ふゆ》ごしし、春《はる》になるとふ化《か》します。まるで植物《しょくぶつ》の種子《しゅし》が芽《め》をだすみたいです。

▲ナナフシの幼虫《ようちゅう》に食《た》べられたコナラの葉《は》。ナナフシはモミジイチゴやコナラのわか葉《ば》がすきで、ふ化《か》した幼虫《ようちゅう》は、長《なが》い足《あし》をつかって、ふらふらと、すきな木《き》をさがしあてます。

▶ケヤキの葉《は》も、ナナフシのすきな食《た》べものです。わか葉《ば》をめざして、幼虫《ようちゅう》が幹《みき》をのぼっています。

●脱皮《だっぴ》しながら成長《せいちょう》

ナナフシは、なんども脱皮《だっぴ》をくりかえして成長《せいちょう》していきます。脱皮《だっぴ》したナナフシは、すこしだけ脱皮《だっぴ》がらを食《た》べることもあります。ほそくて長《なが》い足《あし》も、からからきれいにぬけだすので、ふしぎです。

ナナフシのなかま

●エダナナフシ

大《おお》きさも形《かたち》もナナフシ（ナナフシモドキ）とほぼおなじですが、エダナナフシには長《なが》いしょっ角《かく》があります。モミジイチゴやサクラのわか葉《ば》が、大《だい》すきです。体長《たいちょう》70～100ミリ。

◀エダナナフシの交尾《こうび》。小《ちい》さいのがオスです。

▼モミジイチゴの葉《は》がすきです。

●トビナナフシ

からだの小《ちい》さいナナフシのなかまです。あまりおおくはいないので、なかなかみつけられません。小《ちい》さなはねがあります。下《した》のはねはピンク色《いろ》です。しかし、はねはとぶのには、やくだっていません。体長《たいちょう》45～55ミリ。

▲緑色《みどりいろ》のからだに、小《ちい》さなはねがあるのがわかりますか。

▶カシやコナラなどのわかい葉《は》が大《だい》すきです。

●トゲナナフシ

ナナフシのなかまとしては、ずんぐりしたからだつきで、全身《ぜんしん》にトゲがあります。動《うご》きはゆっくりで、かれ葉《は》やかれ木《き》ににた色《いろ》をしています。あたたかい地方《ちほう》にいます。体長《たいちょう》55～68ミリ。

▲かれ葉《は》のような色《いろ》で、まったくめだちません。

▶ノイバラが大《だい》すきですが、ほかの木《き》の葉《は》も食《た》べます。

池《いけ》や小川《おがわ》の魚《さかな》

みんなの学校《がっこう》の近《ちか》くには、池《いけ》や川《かわ》はありますか。池《いけ》や川《かわ》では、畑《はたけ》や空《あ》き地《ち》とはちがうたくさんの生《い》きものをみることができます。なかでも魚《さかな》は、つりをしたり、あみですくったりと、あそびながら観察《かんさつ》ができます。

▲こんな大《おお》きなコイが、つれることもあります。

こんなところをさがそう

水《みず》の中《なか》の生《い》きものの代表《だいひょう》は、なんといっても魚《さかな》です。魚《さかな》は種類《しゅるい》によって、すむ場所《ばしょ》がちがいます。コイやフナは、ながれのゆるやかな川《かわ》やながれのない池《いけ》、オイカワなどは、ながれのはやい川《かわ》でみつかります。

▲池《いけ》や沼《ぬま》には、コイ、フナ、ナマズなどがいます。つりばりにエサをつけて、つりに挑戦《ちょうせん》しよう。

●あみでとろう

つりのほかに魚《さかな》をつかまえる方法《ほうほう》が、あみをつかってすくうことです。岸《きし》とのさかいにはえている、植物《しょくぶつ》の根《ね》もとにあみをかまえてさぐったり、魚《さかな》をおいこんですくいましょう。

◀川岸《かわぎし》の草《くさ》むらには、小魚《こざかな》やエビ、水《みず》にすむ昆虫《こんちゅう》などがいます。

▶川《かわ》でつれるオイカワ。

●つりをしよう

みんなはつりはすきですか。つりはむかしから、子《こ》どもの楽《たの》しい川《かわ》あそびのひとつでした。すーっとうきが動《うご》いて、さっとさおをひくと、ほら、フナがつれた！　かんたんなつりどうぐをよういして、魚《さかな》をつってみましょう。

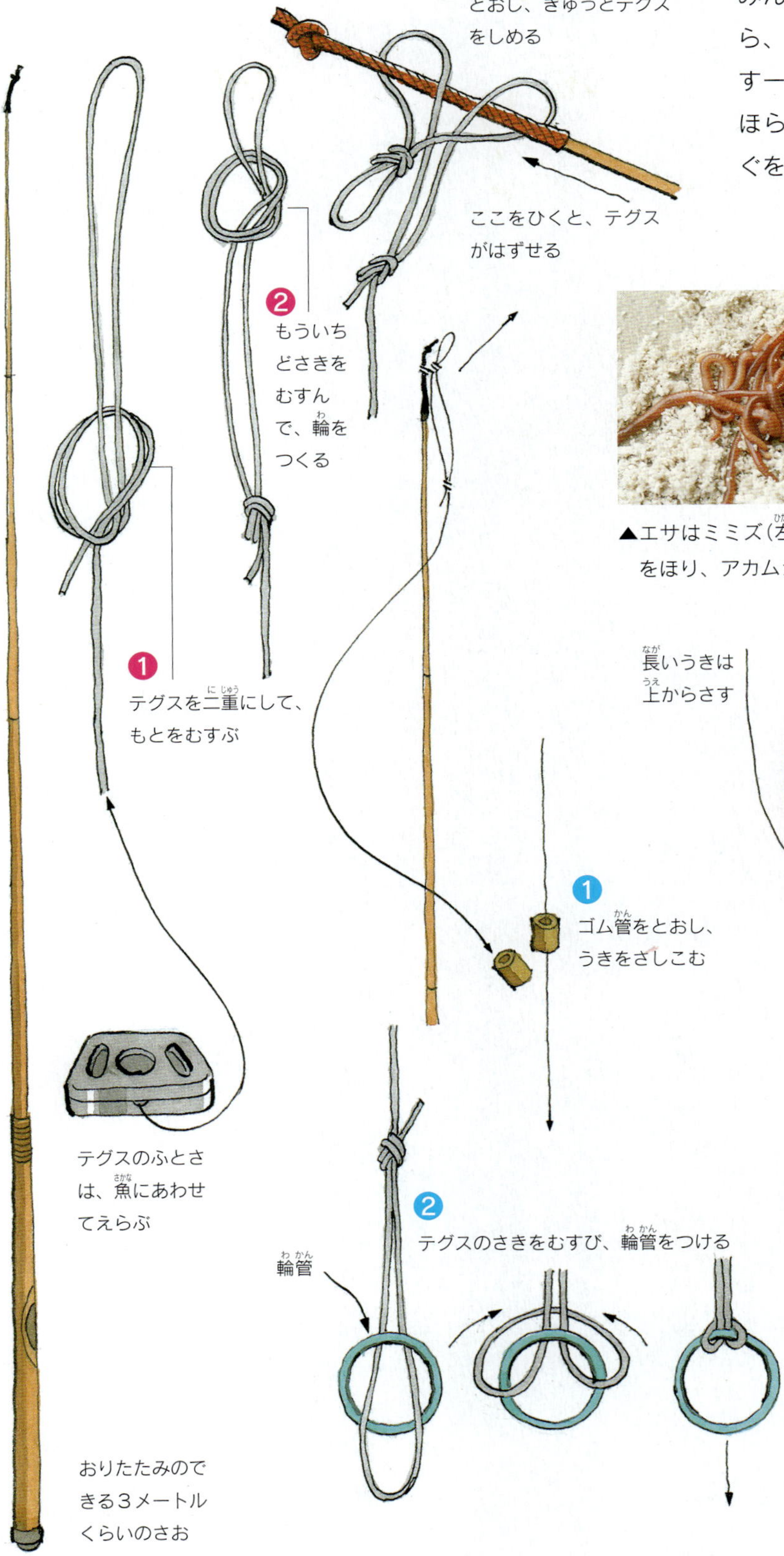

1
テグスを二重《にじゅう》にして、もとをむすぶ
2
もういちどさきをむすんで、輪《わ》をつくる
3
輪《わ》の中《なか》に、さおのさきをとおし、ぎゅっとテグスをしめる
ここをひくと、テグスがはずせる
テグスのふとさは、魚《さかな》にあわせてえらぶ
おりたたみのできる３メートルくらいのさお
1
ゴム管《かん》をとおし、うきをさしこむ
2
テグスのさきをむすび、輪管《わかん》をつける
輪管《わかん》

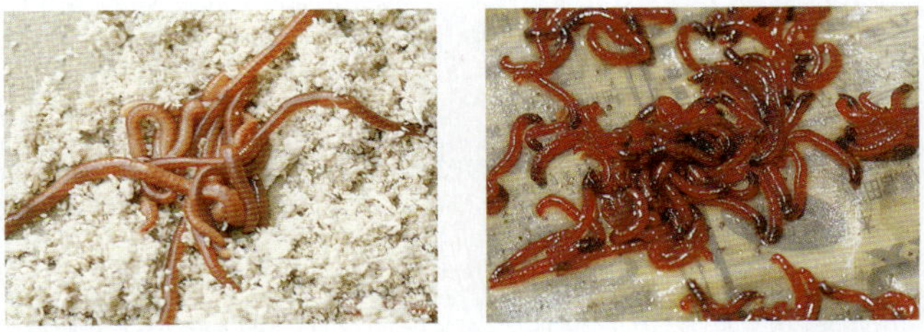

▲エサはミミズ（左《ひだり》）やアカムシ（右《みぎ》）がいいでしょう。ミミズは堆肥《たいひ》をほり、アカムシはにごった川《かわ》でさがします。

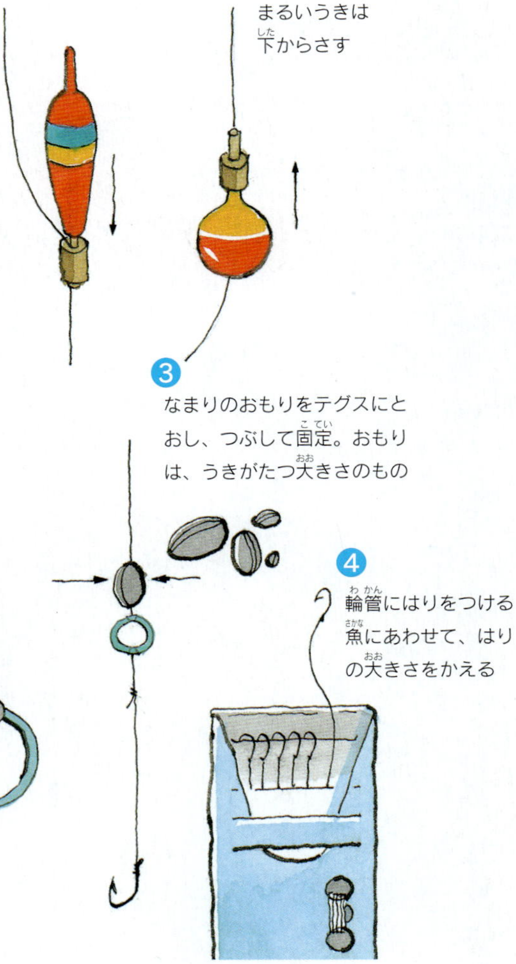

長《なが》いうきは上《うえ》からさす
まるいうきは下《した》からさす
3
なまりのおもりをテグスにとおし、つぶして固定《こてい》。おもりは、うきがたつ大《おお》きさのもの
4
輪管《わかん》にはりをつける
魚《さかな》にあわせて、はりの大《おお》きさをかえる

コイやメダカのなかま

●コイ

大《おお》きなものだと、全長《ぜんちょう》60～80センチほどになります。左右《さゆう》に２本《ほん》ずつ、合計《ごうけい》４本《ほん》の口《くち》ひげがあります。ながれのゆるやかな川《かわ》や、池《いけ》、沼《ぬま》でつることができます。公園《こうえん》の池《いけ》、庭《にわ》の池《いけ》でも育《そだ》てられていますが、食《た》べるために育《そだ》てられることもあります。

▲コイは、なんでも食《た》べる雑食性《ざっしょくせい》の魚《さかな》です。つるには、大《おお》きめのつりざおがいります。

▲コイを改良《かいりょう》したニシキゴイも川《かわ》にいます。

▲ギンブナ。ミミズやアカムシをエサにすると、よくつれます。

●フナ

池《いけ》や沼《ぬま》、にごった川《かわ》などで育《そだ》つ魚《さかな》で、からだの色《いろ》が黄色《きいろ》っぽいキンブナ（約全長《やくぜんちょう》15センチになります）と、銀色《ぎんいろ》っぽいギンブナ（約全長《やくぜんちょう》30センチになります）がいます。むれになっておよぎます。

●オイカワ

ながれがはやく、川底《かわぞこ》が石《いし》になっている川《かわ》にすむ魚《さかな》で、全《ぜん》長《ちょう》15センチほどに育《そだ》ちます。メスは銀色《ぎんいろ》のからだです。オスは、繁殖期《はんしょくき》になると、からだに美《うつく》しい緑《みどり》とオレンジ色《いろ》のもようがあらわれます。むれでおよぎます。夕《ゆう》がたになると、水面《すいめん》をはねることがあります。

◀オイカワのオスは、しりびれが大《おお》きく、繁殖期《はんしょくき》に美《うつく》しいもようがあらわれます。

●タイリクバラタナゴ

全長《ぜんちょう》8センチほどの美《うつく》しい魚《さかな》で、朝鮮半島《ちょうせんはんとう》や中国《ちゅうごく》からやってきた外来魚《がいらいぎょ》です。ながれのゆるやかな川《かわ》、池《いけ》、沼《ぬま》などで育《そだ》ち、むれでおよぎます。繁殖期《はんしょくき》には、オスのからだは、にじ色《いろ》にかがやくようになります。メスは産卵管《さんらんかん》をのばし、カラスガイの中《なか》にたまごをうみます。

▶たてにひらべったいからだをしています。

●ホンモロコ

全長《ぜんちょう》12センチほどの魚《さかな》で、大《おお》きなむれをつくっておよぎます。もともとは琵琶湖《びわこ》だけにいる魚《さかな》だったのですが、いまではひろく各地《かくち》の川《かわ》でみることができます。味《あじ》がいいので、食用《しょくよう》にされます。

▲からだに黒《くろ》っぽい線《せん》がある、スマートな魚《さかな》です。

●ツチフキ

全長《ぜんちょう》10センチほどの、ずんぐりしたからだの魚《さかな》で、にごった川《かわ》の底《そこ》にいます。繁殖期《はんしょくき》には、オスが砂《すな》にすりばちのようなあなをほり、メスに産卵《さんらん》させます。ふ化《か》するまで、たまごのせわはオスがします。

▲目《め》から口《くち》にかけて、黒《くろ》い線《せん》があります。

◀メダカは水面近《すいめんちか》くを、むれでおよぎまわります。

●メダカ

全長《ぜんちょう》4センチほどの小さな魚《さかな》ですが、むかしから人気《にんき》があります。ながれのゆるやかな小川《おがわ》、用水路《ようすいろ》、たんぼをむれでおよぎます。水面近《すいめんちか》くをおよぐのは、水《みず》におちた虫《むし》の死《し》がいなどをエサにしているからです。なにかにおどろくと、いっせいに深《ふか》くもぐります。からだの赤《あか》いヒメダカは、メダカを改良《かいりょう》したものです。

ドジョウのなかま

▲つよくからだをふりながら、どろ底《そこ》にもぐります。

▶10本《ぽん》のひげで、どろをさぐりながら、エサをさがします。

●ドジョウ

どろ底《そこ》の小川《おがわ》や池《いけ》、沼《ぬま》、たんぼなどにすみます。全長《ぜんちょう》10～15センチほどに育《そだ》ちます。ドジョウは、腸《ちょう》でも呼吸《こきゅう》ができる魚《さかな》で、ときどき水面《すいめん》にでて、こうもんからあぶくをだします。口《くち》のまわりに、10本《ぽん》のひげがあります。

◀口《くち》のまわりに、6本《ぽん》のひげがあります。ながれてくる虫《むし》などをエサにします。

●シマドジョウ

底《そこ》が石《いし》になっている、ながれのあるきれいな川《かわ》にすむドジョウのなかまです。全長《ぜんちょう》は約《やく》10センチです。からだに黒《くろ》い点《てん》が線《せん》のようにならんだもようがあり、小石《こいし》のあいだでじっとしていると、なかなかみつけることができません。

◀8本《ぽん》のひげがあります。

●ホトケドジョウ

山《やま》のあいだの小《ちい》さなながれで、みつかります。茶色《ちゃいろ》のからだに、てんてんと黒《くろ》いもようがある、小《ちい》さなドジョウのなかまで、全長《ぜんちょう》は6センチほどです。からだが小《ちい》さいわりには、ひれが大《おお》きいのもとくちょうです。

ナマズのなかま

●ナマズ

ながれのゆるやかな川《かわ》、池《いけ》、沼《ぬま》、用水《ようすい》路《ろ》などの底《そこ》にすみます。全長《ぜんちょう》が60センチにも育《そだ》つ、大《おお》きな魚《さかな》です。からだにうろこがなく、ぬめぬめしています。夜行性《やこうせい》で、長《なが》いひげはアンテナのやくめをします。

▶梅雨《つゆ》のころ、産卵《さんらん》のために、たんぼなど水《みず》のあさいところに、はいってきます。

▲ひげは方向《ほうこう》や味《あじ》をかんじとります。

▲目《め》はいがいに小《ちい》さい。

▲からだには、うろこがありません。

●ギバチ

ながれのある、底《そこ》が石《いし》の川《かわ》にすみます。全長《ぜんちょう》が20センチほどに育《そだ》ちます。ナマズににていますが、からだの色《いろ》が茶色《ちゃいろ》く、ひれが大《おお》きいのでくべつできます。口《くち》のまわりに８本《ぽん》のひげがあります。むねびれとせびれには、するどいトゲがあります。

◀ギバチもうろこのない魚《さかな》です。

ザリガニ

ザリガニ（アメリカザリガニ）は、外国《がいこく》からもちこまれ、全国《ぜんこく》にひろがりました。雑食性《ざっしょくせい》で、おもに夜《よる》に活動《かつどう》します。たんぼにいるザリガニは、イネの苗《なえ》を食《く》いあらします。体長《たいちょう》10センチほどに育《そだ》ちます。

▲体長《たいちょう》6センチくらいまでは、うすい茶色《ちゃいろ》をしていますが、大《おお》きくなるとまっ赤《か》になります。

▲すくうときは、おしりのほうにあみをかまえて、おいこみます。

こんなところをさがそう

アメリカザリガニは、ながれのゆるやかな川《かわ》、池《いけ》、沼《ぬま》、たんぼ、用水路《ようすいろ》などでみつかります。夜行性《やこうせい》なので、ひるは、あなやものかげにひそんでいます。川《かわ》や池《いけ》では、岸辺《きしべ》の草《くさ》むらなどが、みつけるポイントです。

●ザリガニつりに挑戦《ちょうせん》

あなやものかげにひそんでいるザリガニは、エサでつってみましょう。たこ糸《いと》に、スルメやニボシをくくりつけ、ザリガニのいそうなところにつるすと、大《おお》きなはさみでつかみ、はなしません。

▲たこ糸《いと》にニボシを、くくりつけました。

▶ゆっくり糸《いと》をひくと、ほうら、うまくつることができました。

ザリガニのなかま

●ニホンザリガニ

アメリカザリガニにくらべると、はさみや足《あし》がみじかく、からだはひらたくてずんぐり、茶色《ちゃいろ》っぽい色《いろ》をしています。東北地方《とうほくちほう》の北部《ほくぶ》や、北海道《ほっかいどう》だけにいて、わき水《みず》のでる池《いけ》や、水《みず》のきれいな川《かわ》などでみつかります。いつも石《いし》の下《した》などにかくれていて、ながれてくる虫《むし》などを食《た》べます。体長約《たいちょうやく》５センチ。

▶ニホンザリガニは、日本《にほん》だけにすむ小《ちい》さなザリガニです。

●ウチダザリガニ

大《おお》きなザリガニで、からだはひらたく、うすい茶色《ちゃいろ》です。外国《がいこく》からもちこまれました。北海道《ほっかいどう》や東北《とうほく》の湖《みずうみ》など、かぎられたところでしかみられません。さむさにつよく、冬眠《とうみん》をしません。体長《たいちょう》10～12センチ。

◀大《おお》きく成長《せいちょう》しても、からだが赤《あか》くなることはありません。

飼《か》ってみよう

ザリガニ

産卵《さんらん》、あかちゃんザリガニのようす、脱皮《だっぴ》など、ザリガニのきょうみ深《ぶか》い行動《こうどう》を観察《かんさつ》するなら、飼《か》ってみるのがいちばんです。飼育《しいく》ケースが小《ちい》さいと、けんかをするので、オス、メス１ぴきずつにしましょう。水《みず》がよごれるので、食《た》べのこしは、すぐにかたずけるようにしましょう。

糸《いと》でむすんでエサをいれる
エアポンプ
陸地《りくち》をつくる
かくれ場所《ばしょ》
水草《みずくさ》
ジャリをしく
プラスチックケース
くんで
1日《にち》おいた
水道水《すいどうすい》

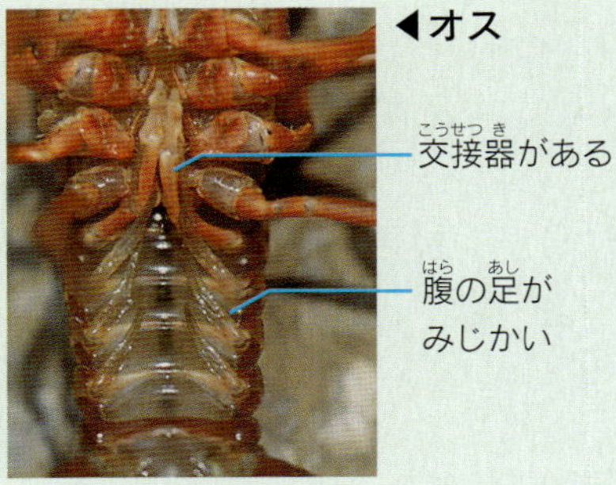
交接器《こうせつき》がある
腹《はら》の足《あし》が
みじかい

◀オス

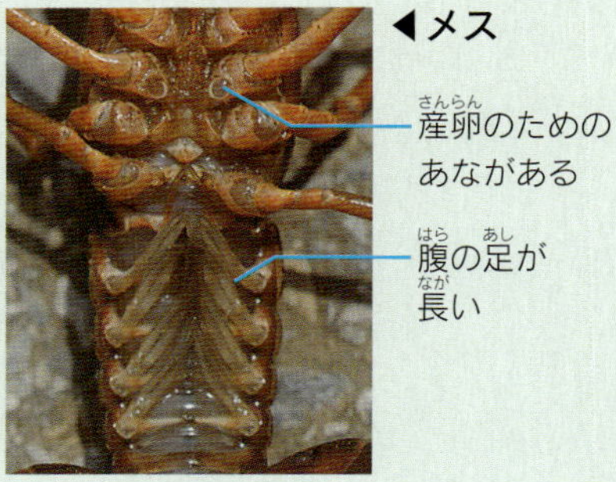
産卵《さんらん》のための
あながある
腹《はら》の足《あし》が
長《なが》い

◀メス

エビや貝《かい》

池《いけ》や川《かわ》では、魚《さかな》のほかに、エビや貝《かい》などもみつかります。貝《かい》のなかまは動《うご》きまわることがありませんが、エビのなかまは、すばやくにげまわりますから、つかまえるためには、どうしてもあみが必要《ひつよう》になります。

▲からだよりもずっと長《なが》いはさみをもつテナガエビ。

▲用水路《ようすいろ》では、タニシなどの貝《かい》がみつかります。

こんなところをさがそう

貝《かい》のなかまは、水《みず》の上《うえ》からでもみつけることができますが、エビのなかまは水中《すいちゅう》の草《くさ》むらなどにひそんでいますから、川岸《かわぎし》の草《くさ》むら、落《お》ち葉《ば》のたまったところなどを、あみですくってみましょう。

▲テナガエビは、きれいな川《かわ》でみつかります。

●テナガエビ

川《かわ》や池《いけ》にすむエビのなかまでは、もっとも大《おお》きく、体《たい》長《ちょう》9センチほどに育《そだ》ちます。オスは、からだの2倍《ばい》にもなる長《なが》いはさみをもちます。いっぽう、メスのはさみは、オスのはんぶんほどの長《なが》さです。

▲スジエビは、水《すい》そうで飼《か》うこともできます。

●スジエビ

すきとおったからだに、黒《くろ》いすじのもようがあるエビのなかまで、ながれのゆるやかな川《かわ》や、水《みず》のきれいな池《いけ》などでみつかります。きれいなエビで、水中《すいちゅう》の草《くさ》の中《なか》などにひそんでいます。体長《たいちょう》は5～6センチ。

●ホウネンエビ

体長《たいちょう》が2センチほどの、ふしぎな生《い》きもので、エビとなまえがついていますが、エビではありません。たんぼにイネが育《そだ》ちはじめる、初夏《しょか》にだけとつぜんあらわれます。いつも腹《はら》を上《うえ》にして、さかさにおよぎます。1か月《げつ》ほどのあいだに、たんぼにたまごをうむと、いなくなってしまいます。

▶ホウネンエビは、たんぼにいますが、農薬《のうやく》をつかうたんぼでは、みられません。

▲どろ底《そこ》をはって、エサを食《た》べるカブトエビ。

●カブトエビ

体長《たいちょう》が4センチほどです。2センチくらいの甲《こう》をもつ、ふしぎな生《い》きもので、これもエビではありません。ホウネンエビとおなじように、イネが育《そだ》ちはじめるころにあらわれ、たまごをのこすと、いなくなってしまいます。腹足《ふくそく》というたくさんの足《あし》で、どろをかきまわしてエサをさがします。

●カワニナ

ながれのゆるやかな川《かわ》や、石《いし》のおおい池《いけ》などの底《そこ》にすむ、まき貝《がい》のなかまで、からの高《たか》さ3センチほどに、育《そだ》ちます。

◀カワニナは、からだの中《なか》でたまごをかえします。

●マルタニシ

どろ底《そこ》の川《かわ》、池《いけ》、たんぼなどにすむ、まき貝《がい》のなかまで、カタツムリのような形《かたち》をしています。からの高《たか》さは3センチほどに育《そだ》ちます。石《いし》や草《くさ》につくコケなどを食《た》べます。

◀水《すい》そうのガラスをはうマルタニシ。

▲びっくりするほど大《おお》きなタニシのなかまです。

●オオタニシ

流《なが》れのおだやかな川《かわ》や、用水路《ようすいろ》、ため池《いけ》などでみつかる大《おお》きなタニシで、からの大《おお》きさが6～8センチほどに育《そだ》ちます。たまごをおなかの中《なか》でかえして、子《こ》どもをうみます。

池《いけ》や小《お》川《がわ》　甲《こう》かく類《るい》・貝《かい》類《るい》

イモリやカメ

イモリやサンショウウオのなかまは、両生類《りょうせいるい》とよばれ、水《みず》の中《なか》でも陸上《りくじょう》でも生《い》きていくことができます。いっぽう、カメのなかまは、は虫類《ちゅうるい》とよばれ、空気《くうき》をすって生《い》きていますが、水《みず》の中《なか》に長《なが》い時間《じかん》もぐっていることができます。

こんなところをさがそう

サンショウウオのなかまは、池《いけ》や沢《さわ》などでみつかります。イモリはたんぼ、用水路《ようすいろ》、きれいな池《いけ》などにいます。カメのなかまは、川《かわ》や池《いけ》の底《そこ》にいます。

▲腹《はら》に赤《あか》いもようがあるイモリ。

◀イモリは、冬《ふゆ》ごしのために、陸《りく》の石《いし》の下《した》にもぐったりします。

●イモリ

全長《ぜんちょう》は10センチほどで、長《なが》い尾《お》があります。水中《すいちゅう》や陸《りく》の上《うえ》を歩《ある》きますが、長《なが》い尾《お》をつかってじょうずにおよぐこともできます。雑食性《ざっしょくせい》で、小《ち》さな虫《むし》なども食《た》べます。

●トウキョウサンショウウオ

関東地方《かんとうちほう》におおいサンショウウオで、全長《ぜんちょう》９センチほどです。山《やま》の小川《おがわ》などにすみ、春《はる》はやく、水《みず》たまりの小枝《こえだ》に、たまごのはいった、うずまき状《じょう》の卵《らん》かいをうみます。

▲トウキョウサンショウウオの卵《らん》かい。

◀夜行性《やこうせい》で、ひるまはしめった落《お》ち葉《ば》の下《した》などに、ひそんでいます。

●トウホクサンショウウオ

北国《きたぐに》の山《やま》にいるサンショウウオで、全長《ぜんちょう》10センチほどです。落《お》ち葉《ば》の下《した》などで冬《ふゆ》ごしし、雪《ゆき》どけのころ、日《ひ》あたりのいい水《みず》たまりに、卵《らん》かいをうみます。

▲トウホクサンショウウオの卵《らん》かい。

◀ずんぐりしたからだがとくちょうです。

●クサガメ

甲《こう》らの長《なが》さが25センチほどに育《そだ》つカメで、公《こう》園《えん》の池《いけ》や川《かわ》でふつうにみつかります。天《てん》気《き》のいいひるまには、岸《きし》にあがって、甲《こう》らぼしをするのをよくみかけます。エサは小《こ》魚《ざかな》や水生昆虫《すいせいこんちゅう》ですが、なんでも食《た》べる雑食性《ざっしょくせい》です。

◀敵《てき》にであうと、頭《あたま》や足《あし》、尾《お》をすっぽり、甲《こう》らの中《なか》にひっこめます。

●イシガメ

甲《こう》らの長《なが》さが18センチほどに育《そだ》つカメで、公《こう》園《えん》の池《いけ》、川《かわ》などでよくみられます。天《てん》気《き》のいい日《ひ》には、池《いけ》のくいなどにあがって、甲《こう》らぼしをします。子《こ》どものカメは、ゼニガメとよばれ、ペットショップで売《う》られています。雑食性《ざっしょくせい》です。

◀イシガメは、５～８月《がつ》に、岸辺《きしべ》の土《つち》の中《なか》に、５～６このたまごをうみます。

▲すばやくどろにもぐるスッポン。

●スッポン

どろ底《そこ》の池《いけ》や川《かわ》にすみます。甲《こう》らの長《なが》さが、35センチほどに育《そだ》ちます。カエル、エビ、水生昆虫《すいせいこんちゅう》などを食《た》べます。甲《こう》らはやわらかくて、ほかのカメのようなもようがありません。かみつくので、注《ちゅう》意《い》しましょう。

▲スッポンは食用《しょくよう》として、養殖《ようしょく》もされています。

ミズスマシやアメンボなどの水《みず》にすむ昆虫《こんちゅう》

池《いけ》や川《かわ》にも、さまざまな昆虫《こんちゅう》がすんでいます。アメンボのように、いつも水面《すいめん》にういているものや、ミズカマキリやガムシなどのように、水《すい》中《ちゅう》にもぐるものなど、おどろくほど、さまざまな昆虫《こんちゅう》がみつかります。池《いけ》やながれのゆるやかな川《かわ》で、水《みず》にすむ昆虫《こんちゅう》をさがしてみましょう。やはり、つかまえるためには、あみがあるといいでしょう。

▲たんぼをながれる用水路《ようすいろ》。水中《すいちゅう》のどろの中《なか》や草《くさ》のあいだに、いろいろな昆虫《こんちゅう》がかくれています。

こんなところをさがそう

水《みず》にすむ昆虫《こんちゅう》といっても、ながれのはやいところには、ほとんどいません。アメンボのように水《みず》にうく昆虫《こんちゅう》でも、やはりながれのない、よどんだところにあつまります。草《くさ》のしげる岸《きし》やくいなど、昆虫《こんちゅう》がかくれられる場所《ばしょ》に、あみをいれてみましょう。

▲ながれのある川《かわ》では、岸《きし》のそばの草《くさ》のしげる場所《ばしょ》で、みつかりますよ。

●ミズスマシ

水《みず》のきれいな川《かわ》や池《いけ》で、みつけることができます。小《ちい》さな甲虫《こうちゅう》で、いつも水面《すいめん》にういて、くるくるとまわりながら、水面《すいめん》におちてくる虫《むし》などをエサにします。ミズスマシには、空中《くうちゅう》をみる目《め》と水中《すいちゅう》をみる目《め》が、上下《じょうげ》2つずつあります。たしかめてみましょう。体長《たいちょう》6～8ミリ。

◀水面《すいめん》をくるくるまわるようすが、水《みず》をきれいにそうじしているようにみえるので、ミズスマシというなまえがつきました。

●ガムシ

大《おお》きめの甲虫《こうちゅう》で、幼虫《ようちゅう》は小《ちい》さな魚《さかな》やほかの昆虫《こんちゅう》をエサにしますが、成虫《せいちゅう》は水草《みずくさ》を食《た》べます。黒《くろ》い上《うえ》のはねの下《した》に、大《おお》きな下《した》ばねがかくされていて、とぶことができます。水辺《みずべ》のあかりにもよくとんできます。体長《たいちょう》30～40ミリ。

▶ゲンゴロウににていますが、上《うえ》のはねに黄色《きいろ》の線《せん》がないので、くべつすることができます。

●アメンボ

ながれのゆるやかな川《かわ》、池《いけ》、沼《ぬま》、たんぼなどでみつかります。長《なが》い足《あし》で水《みす》にういて、水面《すいめん》におちてくる虫《むし》や死《し》んだ魚《さかな》の体液《たいえき》をすいます。メスのほうがやや大《おお》きいからだをしています。体長《たいちょう》11～16ミリ。

▲足《あし》さきにあるたくさんの毛《け》にあぶらがあって、水《みず》をはじきます。

●マツモムシ

水面《すいめん》でさかさになっているおもしろい昆虫《こんちゅう》です。うしろ足《あし》がとくに長《なが》く、この足《あし》をオールのようにつかって、およぎまわります。肉食性《にくしょくせい》で、小《ちい》さな虫《むし》などをつかまえて、体液《たいえき》をすいます。口《くち》でさすので注意《ちゅうい》。体長約《たいちょうやく》13ミリ。

▲水面《すいめん》にういていることがおおいので、フウセンムシともよばれます。

▲魚《さかな》をつかまえて、するどくとがった口《くち》をさしこみ、体液《たいえき》をすうコオイムシ。

●コオイムシ

ながれのゆるやかな川《かわ》や、池《いけ》、沼《ぬま》などにすみます。水中《すいちゅう》をおよぎまわって、小《ちい》さな魚《さかな》や虫《むし》などをつかまえ、エサにします。交尾《こうび》のあと、メスはオスのせなかにたまごをうみつけます。ふ化《か》するまで、オスはたまごをせおって、およぎまわります。セミやカメムシに近《ちか》い昆虫《こんちゅう》です。体長約《たいちょうやく》19ミリ。

▶交尾《こうび》のあと、オスのせなかにたまごをうみつけるメス（上《うえ》）。たまごから幼虫《ようちゅう》がふ化《か》するまで、オスはずっとたまごをせおったまま、生活《せいかつ》します。このため、コオイムシというなまえがつきました（下《した》）。

●ミズカマキリ

ほそ長《なが》いからだが、カマキリのようで、ミズカマキリというなまえがあります。水中《すいちゅう》の草《くさ》にとまったまま、かぎがあるまえ足《あし》をつかって、小魚《こざかな》やほかの虫《むし》をつかまえ、体液《たいえき》をすいとります。しりのさきにある管《くだ》を、水上《すいじょう》にだして、空気《くうき》をとりいれて、呼吸《こきゅう》します。体長《たいちょう》約《やく》43ミリ。

▲水草《みずくさ》にしがみついて、エサをまつミズカマキリ。ほそ長《なが》いからだは、かれた草《くさ》のくきのようです。

▶するどい口《くち》をさしこんで、オタマジャクシの体液《たいえき》をすうミズカマキリ。

飼《か》ってみよう

水《みず》にすむ昆虫《こんちゅう》

小魚《こざかな》のエサ
水草《みずくさ》
ふたをする
ゲンゴロウなどの甲虫《こうちゅう》は、どろで、さなぎになる場所《ばしょ》をつくる
エサの小魚《こざかな》
エアポンプ
プラスチックケース
石《いし》やジャリをしく

水《みず》の中《なか》にすむ昆虫《こんちゅう》を、自然《しぜん》の中《なか》で観察《かんさつ》するのはたいへんです。昆虫《こんちゅう》をつかまえて、水《すい》そうで育《そだ》てて、じっくり観察《かんさつ》してみましょう。水《すい》そうのセットは、昆虫《こんちゅう》がどんなところにいたか、かんがえてよういしましょう。イラストはゲンゴロウの飼育《しいく》ですが、キンギョモなどをうえれば、ミズカマキリ、コオイムシなどが飼《か》えます。

ゲンゴロウ

水《みず》にすむ甲虫《こうちゅう》のなかまでは、もっとも大《おお》きいからだをしています。むねから、上《うえ》のはねのへりにかけて、ふとい黄色《きいろ》の線《せん》があるのがとくちょうです。ながれのゆるやかな、きれいな川《かわ》、池《いけ》、沼《ぬま》などで、みつかります。体長《たいちょう》35～40ミリ。

▲水面《すいめん》にうくゲンゴロウ。およぐためのうしろ足《あし》が、とくに長《なが》くなっています。

●からだのひみつ

ゲンゴロウは水《みず》の中《なか》の生活《せいかつ》にてきした、からだをしています。長《なが》いうしろ足《あし》は、オールのように水《みず》をかくのにつかいます。また、はねと腹《はら》のあいだに、空気《くうき》をためこんで呼吸《こきゅう》し、水中《すいちゅう》に長《なが》くとどまることができます。そして口《くち》はかむことができる、つくりになっています。

▶うしろ足《あし》には、長《なが》い毛《け》がはえていて、水《みず》をうまくかくことができます。

▶オスのまえ足《あし》には、吸《きゅう》ばんがあり、ものをしっかりつかむことができます。

▲つかまえた小魚《こざかな》やオタマジャクシを、ばりばりと食《た》べてしまいます。

●交尾《こうび》

オスはまえ足《あし》の吸《きゅう》ばんで、しっかりメスにしがみつき、交尾《こうび》をします。オスは、腹《はら》のさきにある生殖器官《せいしょくきかん》をつかって、メスのからだに、精子《せいし》のはいったふくろをわたします。

◀交尾中《こうびちゅう》のオス(上《うえ》)とメス。

●たまご～幼虫《ようちゅう》

交尾《こうび》をしたメスは、ふとい水草《みずくさ》のくきなどをかじって、あなをあけ、長《なが》さ１センチほどのほそ長《なが》いたまごをうみます。数日《すうじつ》すると、たまごからは、大《おお》きなあごをもった、ほそ長《なが》い幼虫《ようちゅう》がふ化《か》します。

1 ▼水草《みずくさ》のくきにうみつけられたたまご。

▲メスがかじって、たまごをうみつけた水草《みずくさ》のあな。

2 ▼しりのさきを水上《すいじょう》へだして呼吸《こきゅう》する幼虫《ようちゅう》。

3 ▼幼虫《ようちゅう》は、このあごで魚《さかな》などをつかまえます。

●幼虫《ようちゅう》～さなぎ

２センチほどだった小《ちい》さな幼虫《ようちゅう》は、脱皮《だっぴ》をくりかえして、体長《たいちょう》６～７センチの終齢幼虫《しゅうれいようちゅう》になります。終齢幼虫《しゅうれいようちゅう》は、川岸《かわぎし》の土《つち》にまるいあなをつくり、その中《なか》でさなぎになります。さなぎのからの中《なか》では、成虫《せいちゅう》のからだづくりがすすみます。

▼幼虫《ようちゅう》は、からだをくねらせ、土《つち》の中《なか》にまるいへやをつくります（1、2）。幼虫《ようちゅう》は脱皮《だっぴ》してさなぎになります（3）。羽化《うか》が近《ちか》くなると、目《め》が黒《くろ》くなり、成虫《せいちゅう》のからだがすけてみえます（4）。

1

2

3

4

●さなぎ～成虫《せいちゅう》

さなぎのせがわれて、目《め》だけが黒《くろ》い、まっ白《しろ》な成虫《せいちゅう》があらわれます。白《しろ》いからだは、やがて茶色《ちゃいろ》になり、ほぼ１日《にち》かけて黒《くろ》くなります。そしてからだがかたくなるのをまって、２～３日《か》すると、そとにでます。

1

▲羽化《うか》したばかりの成虫《せいちゅう》は、はねがみじかく、からだは白《しろ》い。

2

▲はねがのびて、からだをすっぽりおおうようになりました。

3

▲からだがだんだん茶色《ちゃいろ》になってきて、むねや上《うえ》のはねの黄色《きいろ》の線《せん》もでてきます。

4

▶すっかり黒《くろ》くなりましたが、土《つち》のへやからそとにでるのは、２～３日《か》たってからです。

ゲンゴロウのなかま

●ヒメゲンゴロウ

小《ちい》さなゲンゴロウのなかまです。池《いけ》、沼《ぬま》、たんぼなどでみつかります。ヒメゲンゴロウも肉食性《にくしょくせい》で、ほかの虫《むし》や魚《さかな》などをつかまえて食《た》べます。幼虫《ようちゅう》も成虫《せいちゅう》とおなじように、大《おお》あごがあり、肉食性《にくしょくせい》です。体長《たいちょう》10～20ミリ。

▶空気《くうき》ぶくろをつけたヒメゲンゴロウ。ときどき水面《すいめん》にういて、空気《くうき》を補充《ほじゅう》します。

タガメ

するどいつめのある、大《おお》きなまえ足《あし》でカエルや魚《さかな》をつかまえて、とんがった口《くち》をさしこんで、体液《たいえき》をすいます。かむ口《くち》をもたないタガメは、カメムシに近《ちか》いなかまです。池《いけ》や沼《ぬま》などでみつかります。体長約《たいちょうやく》65ミリ。

▲たまごを守《まも》るオス。まえ足《あし》をひろげて、敵《てき》をおどします。

●からだのひみつ

タガメのとがった口《くち》は、えもののからだにつきさして、体液《たいえき》をすうためのものです。水中《すいちゅう》でエサをとりますが、水面《すいめん》に腹《はら》のさきにある管《くだ》をつきだして、呼吸《こきゅう》します。また、茶色《ちゃいろ》の上《うえ》のはねの下《した》には、白《しろ》いはねがたたまれていて、空中《くうちゅう》をとぶときにつかいます。

▲とがった口《くち》。

▶腹《はら》のさきから、呼吸《こきゅう》のための管《くだ》が、でています。

▲陸《りく》にあがって、からだをかわかすと、空中《くうちゅう》をとべます。

●交尾《こうび》～産卵《さんらん》

タガメは水中《すいちゅう》で交尾《こうび》をします。メスは交尾《こうび》のあと、くいなどによじのぼって、たまごをうみます。オスはメスのそばにいて、ときどき交尾《こうび》をくりかえします。メスは、50～100このたまごをうむと、どこかにいってしまいます。たまごを守《まも》るのは、オスのやくめです。

▲交尾中《こうびちゅう》のタガメ。オスがやや小《ちい》さい。

▶産卵《さんらん》するメスのそばに、小《ちい》さなオスがいます。

●たまご～幼虫《ようちゅう》

きれいにならべてうみつけられたたまごには、それぞれ茶色《ちゃいろ》のたてじまもようがあります。たて長《なが》のたまごの長《なが》さは、5～7ミリです。かたまりのたまごからは、ほぼどうじに幼虫《ようちゅう》がふ化《か》します。黄色《きいろ》のからだをした幼虫《ようちゅう》は、水面《すいめん》にせをむけたしせいでふ化《か》し、やがて水《みず》の中《なか》にこぼれるようにおちます。

1

▶たまごのてっぺんがやぶれて、幼虫《ようちゅう》の頭《あたま》が、みえてきました。ふ化《か》のはじまりです。

2

▲せりだすように、ずんずんと幼虫《ようちゅう》のからだがあらわれてきます。茶色《ちゃいろ》の幼虫《ようちゅう》は、まえ足《あし》をつっぱり、水面《すいめん》にせをむけるようにふ化《か》し、このあと水《みず》におちます。

3

◀水《みず》におちた幼虫《ようちゅう》は、水面《すいめん》に腹《はら》さきをのぞかせて、しばらくは動《うご》きませんが、やがてもがくようにおよいで、ちっていきます。

●幼《よう》虫《ちゅう》の生《せい》活《かつ》

茶色《ちゃいろ》だった幼虫《ようちゅう》のからだには、時間《じかん》がたつにつれて、黒《くろ》いしまもようがあらわれます。幼虫《ようちゅう》は成虫《せいちゅう》とおなじように、魚《さかな》などをつかまえて、体液《たいえき》をすいます。

▲1ぴきの幼虫《ようちゅう》がえものをしとめると、ほかの幼虫《ようちゅう》もやってきて、体液《たいえき》をすいます。

▼水《すい》そうなどで飼《か》うと、とも食《ぐ》いをすることもあります。

●脱《だっ》皮《ぴ》して成《せい》長《ちょう》

生《う》まれたばかりの幼虫《ようちゅう》は、12ミリほどの体長《たいちょう》ですが、脱皮《だっぴ》をくりかえして大《おお》きくなり、さいごには40ミリほどの大《おお》きさになります。やがて、さいごの脱《だっ》皮《ぴ》をして成虫《せいちゅう》になります。

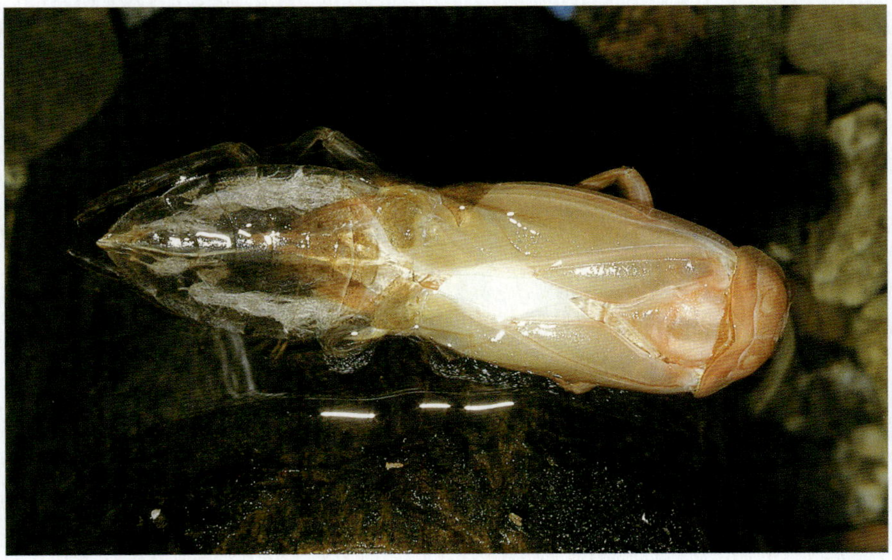

▲タガメのさいごの脱皮《だっぴ》は、ながれのないしずかな水面《すいめん》でおこなわれます。

●土《つち》の中《なか》で冬《ふゆ》ごし

タガメの成虫《せいちゅう》は、冬《ふゆ》になると水《みず》をはなれて、水辺《みずべ》の土《つち》にもぐりこんで、つぎの年《とし》の春《はる》まで冬《ふゆ》ごしをします。日本《にほん》中《じゅう》でみられたタガメですが、環境《かんきょう》がわるくなり、なかなかみられなくなってしまいました。

▶水辺《みずべ》のどろの中《なか》で、冬《ふゆ》ごしをするタガメの成虫《せいちゅう》。

タイコウチ

タイコウチは、水中《すいちゅう》で水草《みずくさ》などにしがみつき、大《おお》きなまえ足《あし》をひらいて、じっと魚《さかな》やオタマジャクシなどのえものが近《ちか》づくのをまち、とらえます。カメムシに近《ちか》いなかまで、するどくとがった口《くち》を、えもののからだにつきさし、体液《たいえき》をすいとります。およいで、えものをおいかけることは、しません。体長《たいちょう》30～38ミリ。

●からだのひみつ

大《おお》きなまえ足《あし》のさきは、するどいかぎがたをしていて、えものをつかまえやすくなっています。腹《はら》のさきには、からだとほぼおなじ長《なが》さの呼吸《こきゅう》のための管《くだ》があり、水中《すいちゅう》で長《なが》い時間《じかん》、えものをさがすことができます。また、空中《くうちゅう》をとぶこともできます。

▲水草《みずくさ》につかまって、えものをまちます。腹《はら》のさきに、呼吸《こきゅう》のための長《なが》い管《くだ》がでているのがわかります。

▲口《くち》をさして、ザリガニの体液《たいえき》をすっています。

▲からだをかわかして、かるくなってから、とびたちます。

●交尾《こうび》～産卵《さんらん》

タイコウチは、水中《すいちゅう》で交尾《こうび》します。交尾《こうび》のあと、メスは、水辺《みずべ》のコケのあいだや、どろの中《なか》などに、腹《はら》さきをもぐりこませて、長《なが》さ1.5ミリほどのほそ長《なが》いたまごを、かためてうみます。たまごのさきには、数本《すうほん》の毛《け》のようなトゲがあります。

◀交尾《こうび》するタイコウチ。オスはすこし小《ちい》さい。

▼水辺《みずべ》のしめったコケのあいだに、産卵《さんらん》するメス。

●ふ化《か》

ほそ長《なが》いたまごのてっぺんが、ふたのようにわれて、からだの赤《あか》っぽい幼虫《ようちゅう》が生《う》まれます。幼虫《ようちゅう》は体長《たいちょう》４ミリほどです。幼虫《ようちゅう》は、水《みず》のにおいをかぎわけて、歩《ある》いて水《みず》にはいります。幼虫《ようちゅう》は脱皮《だっぴ》をくりかえして成長《せいちょう》し、さいごの脱皮《だっぴ》で、はねのある成虫《せいちゅう》になります。

▶毛《け》のような白《しろ》いトゲがあるたまご。

▼２週間《しゅうかん》ほどすると、たまごのてっぺんがわれて、幼虫《ようちゅう》がつぎつぎにふ化《か》してきます。

全《ぜん》巻《かん》
さくいん

	①春	②夏	③秋	④冬
ア				
アオイラガ				27
アオカナブン		41		
アオサナエ		55		
アオスジアゲハ			32-33	11
アオダイショウ	29			67
アオタテハモドキ				63
アオバセセリ	35			
アオマツムシ			24	
アカイラガ				27
アカガネサルハムシ		43		
アカギカメムシ				60
アカシジミ	36			
アカスジキンカメムシ				44
アカズムカデ				48
アカタテハ			59	
アカムシ	45			
アキアカネ		58-59	66-67	
アゲハチョウ	20-21、24-27			20
アゲハモドキ				17
アサギマダラ			60	
アシナガバチ				43
アズチグモ			56	
アブラゼミ		10-15		17
アブラムシ				19
アフリカマイマイ		28		
アマガエル		62-63		13
アメリカザリガニ	50-51			
アメンボ	57			
アリ	12-13			
アリグモ			56	
アリジゴク		16-18		
イオウイロハシリグモ			57	
イシガケチョウ				65
イシガメ	55			
イチモンジセセリ			36	
イチモンジチョウ		50		
イナゴ			16-17	
イボバッタ			9	
イモリ	54			
イラガ				23、26-31、66
イワサキクサゼミ				61
ウシアブ				66
ウシガエル		60		
ウスイロササキリ			19	
ウスタビガ				23
ウスバカゲロウ		16-21		
ウスバシロチョウ	34			
ウチダザリガニ	51			
ウチワヤンマ		56		
ウバタマムシ				49
ウマオイ			20	
ウラギンシジミ		51		
ウラギンヒョウモン		51		
エサキモンキツノカメムシ				15
エゾゼミ		9		
エダナナフシ	43			
エビガラスズメ				16
エンマコオロギ			25	
オイカワ	44、46			
オオカマキリ			48-53	24
オオクワガタ		38-39		
オオゴマダラ				62
オオゴミムシ				15
オオシオカラトンボ		56		
オオジョロウグモ				57
オオスカシバ			42-43	16
オオゾウムシ		42		
オオタニシ	53			
オオニジュウヤホシテントウ	11			
オオミズアオ		52		
オオミノガ				23、32-37
オオムラサキ	26	48		42
オサムシ				15
オシドリ				55
オタマジャクシ		62、63、65		
オツネントンボ				25
オナガ	31			
オナガガモ				55
オニグモ			55	25
オニクワガタ		38-39		
オニヤンマ		55		
オビカレハ				21
オンブバッタ			9	
カ				
カイツブリ		66		
カエル		60-65		
カジカガエル		61		
カタツムリ		24-28		

	①春	②夏	③秋	④冬
カナブン		41		
カナヘビ	28			13
カネタタキ			23	
カノコガ		53		
カバマダラ				63
カブトエビ	53			
カブトムシ		30-35		14
カマキリ			48-53	24
カマキリモドキ			53	
カミキリムシ		44-47		
ガムシ	57			
カメノコテントウ	11			49
カメムシ			44-45	43
カラスアゲハ				20
カルガモ		67		
カワセミ		67		
カワニナ	53			
カワラバッタ			9、11	
カンタン			24	
キアゲハ	20-21、27			11
キアシナガバチ			46	
キイトトンボ		57		
キイロスズメ				16
キイロテントウ	11			
キクスイカミキリ		45、47		
キジ	33			
キシノウエトタテグモ			57	
キジバト	31			
キセルガイ		28		
キタテハ			61、64-65	46
キチョウ			58、62-63	46
キノボリトカゲ				58
ギバチ	49			
キバラヘリカメムシ			45	
ギフチョウ	38-39			47
キベリタテハ			61	
キボシアシナガバチ			47	
キボシカミキリ		44、47		
キマダラセセリ			37	
キマワリ		42		
キリギリス			18	
ギンイチモンジセセリ			37	
キンクロハジロ				55
ギンヤンマ		55		
クサカゲロウ		22		
クサガメ	55			53
クサギカメムシ			45	
クサキリ			19	
クジャクチョウ			60	
クスサン				22
クツワムシ			20	
クビキリギス			21	44
クマゼミ		8		61
クマバチ	14			
クリオオアブラムシ				19
クルマバッタ			8、11	
クルマバッタモドキ			8	
クロアゲハ			59	20
クロオオアリ	12			
クロカタゾウムシ				60
クロカナブン		41		
クロクサアリ	13			
クロシタアオイラガ				27
クロジュウジホシカメムシ				60
クワガタムシ		36-39		49
クワゴ		53		22
ゲジ				17
ケラ				17
ゲンゴロウ	60-62			
コアオハナムグリ		43		
コアシナガバチ			46	
コイ	44、46			
コオイムシ	58			
コオニヤンマ				53
コガタスズメバチ			47	8、48、67
コガネグモ			55	25
コカブトムシ		35		
コカマキリ			52-53	
コガモ				54
コクワガタ		38		49
コゲラ				38
コサギ		66		
コシアキトンボ		57		
コチドリ		67		
コツバメ	36			
コノハチョウ				64
コバネイナゴ			16-17	
コヒオドシ	35			
コフキコガネ		43		
コブヤハズカミキリ		46		
ゴマダラカミキリ		47		
ゴマダラチョウ		48		41、43
ゴミグモ			55	
コミスジ	37			
コミミズク				19
コムラサキ		49		
コヤマトンボ		54		
コロギス			22	42
サ				
サカハチチョウ	35			

	①春	②夏	③秋	④冬
ササキリ			19	
サシガメ	14			
サソリモドキ				57
サトキマダラヒカゲ		49		47
ザリガニ	50-51			
シオカラトンボ		56		
ジグモ			57	
シジュウカラ	30			
シバミノガ				37
シマドジョウ	48			
シマヘビ	29			
シメ				39
ジャコウアゲハ				47
ジャノメチョウ		51		
ジュウジナガカメムシ			45	
シュレーゲルアオガエル		61		
ショウリョウバッタ			8、11	
ジョロウグモ			54	25
シロオビアゲハ				65
シロスジカミキリ		45、46		
シロテンハナムグリ		40		
シンジュサン		52		23
スギカレハ				21
スジエビ	52			
スジグロシロチョウ	20-21			10
スズムシ			23、26-31	
スズメ	32			
スッポン	55			
スミナガシ			61	47
セアカツノカメムシ			44	
セイヨウミツバチ	16-19			
セグロアシナガバチ				67
セマルハコガメ				58
セミ		8-15		
タ				
タイコウチ	66-67			
ダイミョウセセリ			34-35	11
タイリクバラタナゴ	47			
タイワンカブト				59
タガメ	63-65			53
タテハモドキ				63
タナグモ			55	
タマムシ		42		
ダンゴムシ	15			45
チスイビル				67
チッチゼミ		9		
チャドクガ				66
チャバネアオカメムシ			45	
チャミノガ				37
チュウレンジバチ		23		

	①春	②夏	③秋	④冬
チョウセンカマキリ			52-53	24
ツクツクボウシ		9		
ツグミ				39
ツチイナゴ				44
ツチガエル		61		
ツチフキ	47			
ツノアオカメムシ			44	
ツバメ	32			
ツマキチョウ	36			
ツマグロオオヨコバイ				19
ツマベニチョウ				65
ツユムシ			21	
テナガエビ	52			52
テングチョウ	37			
テントウムシ	8-11			49
トウキョウサンショウウオ	54			
トウキョウダルマガエル		60		
トウホクサンショウウオ	54			
トカゲ	28			13
ドクガ				66
トゲアリ	13			
トゲナナフシ	43			
ドジョウ	48			
トックリバチ			47	
トノサマバッタ			8、11、12-15	
トビイロケアリ	13			
トビズムカデ				67
トビナナフシ	43			
トホシテントウ	11			
トモエガ		52		
トラフカミキリ		46		
ナ				
ナガコガネグモ			55	
ナツアカネ			67	
ナナフシ	40-43			
ナナフシモドキ	40-43			
ナナホシキンカメムシ				60
ナナホシテントウ	8-10			
ナマズ	49			
ナミテントウ	8-11			44、49
ナメクジ		29		
ニイニイゼミ		8		
ニシキゴイ	46			
ニホンザリガニ	51			
ノコギリカミキリ		46		
ノコギリクワガタ		36-38		49
ノシメトンボ			67	
ハ				
ハエトリグモ			56	
ハクセキレイ				38

	①春	②夏	③秋	④冬
ハグロトンボ		54		
ハサミムシ	15			
ハシブトガラス	32			
バッタ			8-15	
ハナアブ	14			
ハラオカメコオロギ			25	
ハラビロカマキリ			51-53	24
ハラビロトンボ		57		
バン		67		
ヒオドシタテハ	26			
ヒキガエル		61		13
ヒグラシ		9		
ヒゲナガハナバチ	14			
ヒシバッタ			9	
ヒダリマキマイマイ		28		
ヒバリ	33			
ヒメアカタテハ			59	46
ヒメウラナミジャノメ		51		
ヒメギス			21	
ヒメギフチョウ	39			
ヒメクロイラガ				27
ヒメゲンゴロウ	62			
ヒメシロモンドクガ				66
ヒヨドリ	30			
ヒラタクワガタ		38-39		
ヒラタドロムシ				53
ビロードツリアブ	14			
フナ	46			
フユシャク				21
ベニシジミ	20-21			
ヘビトンボ				53
ヘリグロチャバネセセリ			36	
ホウネンエビ	53			
ホシハジロ				55
ホシベニカミキリ		47		
ホシミスジ		50		
ホソアシナガバチ			46	
ホソバセセリ			37	
ホタルガ		53		
ホトケドジョウ	48			
ホンモロコ	47			
マ				
マイマイカブリ		26		15
マガモ				54
マダラアシゾウムシ		42		
マダラカマドウマ			22	
マダラスズ			23	
マダラマルバヒロズコガ				16
マツカレハ				21
マツムシ			24	
マツモムシ	57			
マムシ				67
マメコガネ		43		
マルカメムシ			44	
マルタニシ	53			
ミズカマキリ	59			52
ミスジマイマイ		28		45
ミズスマシ	57			
ミツカドコオロギ			25	
ミツバチ	16-19			9
ミドリヒョウモン			60	
ミノウスバ				50-51
ミノムシ				32-37
ミミズ	45			48
ミミズク				43
ミヤマアカネ			67	
ミヤマカワトンボ		54		
ミヤマクワガタ		38-39		
ミヤマセセリ	34			
ミヤマフキバッタ			9	
ミンミンゼミ		8		
ムクドリ	33			
ムネアカオオアリ	13			
ムラサキイラガ				27
メジロ	30			
メスアカムラサキ				64
メダカ	47			
モグラ				12
モズ				39
モノサシトンボ		57		
モリアオガエル		64-65		
モンキチョウ	20-21			
モンシロチョウ	20-23			10
ヤ				
ヤシガニ				56
ヤニサシガメ				19
ヤブキリ			19	
ヤマカガシ	29			67
ヤマキチョウ			58	
ヤマトシジミ			38-41	11
ヤママユガ				23
ヨコヅナサシガメ				19
ラ				
リュウキュウコミスジ				64
ルリタテハ	37	49		47
ワ				
ワカバグモ			56	43
ワラジムシ	15			

文・写真●おくやま ひさし

1937年、秋田県に生まれ、子どものころから自然にしたしんできました。その自然をテーマに、出版、テレビなどで活躍しています。また、観察会をもよおし、採集、工作、野草の料理、スケッチなど、いろいろな面から自然とのふれあいを楽しめるように、参加者におしえています。著書に『里山図鑑』『山菜と木の実の図鑑』（以上ポプラ社）、『ウィークエンド野遊び』（小学館）、『自然と遊ぶ図鑑』（大日本図書）などたくさんあります。

編集・制作●有沢重雄
デザイン●R-coco
写真協力●有限会社 ナチュラリー（鳥の写真）

学校のまわりの生きものずかん ❶ 春

発行　2004年4月　第1刷
　　　2021年2月　第12刷

文・写真——おくやま ひさし
発行者——千葉 均
編　集——小桜浩子
発行所——株式会社ポプラ社
〒102-8519　東京都千代田区麹町4-2-6　8・9F
ホームページ　www.poplar.co.jp
印刷・製本——図書印刷株式会社
ISBN978-4-591-08009-2　N.D.C.480/71P/26cm

P7002001

学校のまわりの生きものずかん

文・写真●おくやま ひさし

全4巻

小学校低学年から
各巻●A4変型判／72ページ
オールカラー
N.D.C.480（動物学）

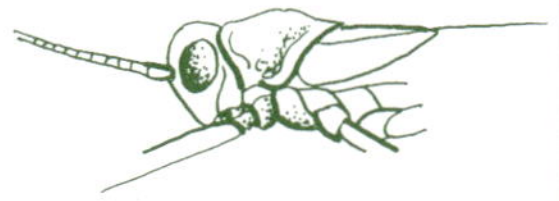

◆シリーズは ①春、②夏、③秋、④冬の4巻で構成され、学校のまわりにいる身近な生きもの、およそ380種を紹介しています。
◆各巻は、空き地や畑、雑木林、池や小川などにわけ、生きものがどんなところにいるかを中心に、解説しています。

① 春

空き地や畑

- テントウムシ
- アリ
- ダンゴムシ
- モンシロチョウ
- アゲハチョウ
- トカゲ
- シマヘビ
- ツバメ
- キジ　など

雑木林

- ルリタテハ
- ギフチョウ
- ナナフシ　など

池や小川

- コイ
- メダカ
- ドジョウ
- ザリガニ
- テナガエビ
- マルタニシ
- イモリ
- クサガメ
- ミズスマシ
- アメンボ
- ゲンゴロウ
- タガメ
- タイコウチ　など

② 夏

空き地や畑

- ニイニイゼミ
- アブラゼミ
- ウスバカゲロウ
- クサカゲロウ
- カタツムリ　など

雑木林

- カブトムシ
- クワガタムシ
- カナブン
- マメコガネ
- カミキリムシ
- オオムラサキ
- ゴマダラチョウ
- ジャノメチョウ
- オオミズアオ
- シンジュサン　など

池や小川

- ハグロトンボ
- オニヤンマ
- シオカラトンボ
- アマガエル
- モリアオガエル
- カイツブリ
- カワセミ　など

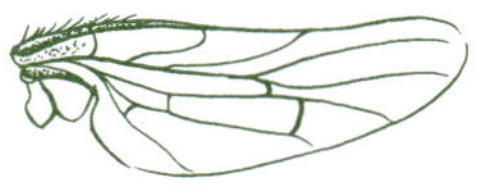

③ 秋

空き地や畑

- ショウリョウバッタ
- トノサマバッタ
- キリギリス
- クツワムシ
- マツムシ
- エンマコオロギ
- スズムシ
- アオスジアゲハ
- ヤマトシジミ
- カメムシ
- キアシナガバチ
- カマキリ
- ジョロウグモ
- ナガコガネグモ　など

雑木林

- ヤマキチョウ
- アサギマダラ
- キチョウ
- キタテハ　など

池や小川

- アキアカネ
- ナツアカネ　など

④ 冬

空き地や畑

- スジグロシロチョウ
- モグラ
- カブトムシ
- アブラムシ
- アゲハチョウ
- オビカレハ
- オツネントンボ
- イラガ
- ミノムシ
- ハクセイレイ
- コゲラ　など

雑木林

- オオムラサキ
- コロギス
- ナミテントウ
- ヒメアカタテハ
- ジャコウアゲハ
- ウバタマムシ
- ノコギリクワガタ
- ミノウスバ　など

池や小川

- テナガエビ
- ヘビトンボ
- タガメ
- マガモ
- コガモ　など

沖縄地方

- ヤシガニ
- セマルハコガメ
- タイワンカブト
- オオゴマダラ
- コノハチョウ　など